[ISO 19011:2018 改訂対応]

活き活き
ISO内部監査

工夫を導き出す
システムのけん引役

国府 保周 著

日本規格協会

はじめに

　ISOマネジメントシステムを運用している皆さん,内部監査を,十分に活用していますか?

　マネジメントシステム規格では,組織の自浄作用の源となる"ISO内部監査"を重視しています.おそらく,マネジメントシステム(とその内容)の改善に結び付く情報は,内部監査の形態でなくても,得られることでしょう.しかし,普段の活動とは異なる視点で業務を見つめ直す場である内部監査だからこそ引き出せる,本音や本質的な情報もあります.せっかく実施するISO内部監査ですから,積極的に活用して,組織に役立つ,意義のあるものにしたいですよね.

　といっても,マネジメントシステムを扱う規格は非常に多いので,本書では,ISO 9001とISO 14001の2規格の2015年版を主体として,話を進めます.また,ISO 19011をもとにヒントも提供します.

　さあ,内部監査を"マネジメントシステムの工夫の原動力"と捉えて,いかにして組織の"活き活き"に生かしていくかを,いっしょに考えていきましょう.

2019年6月

国府　保周

目　次

はじめに

第1章　ISO内部監査の実態はいかに？ 7

第2章　ISO内部監査の成長と変遷 29

第3章　監査に関する規格"ISO 19011"
　　　　のポイント 51

第4章　ISO 19011の附属書Aをもとに，
　　　　実技面を考える 73

第5章　ISO内部監査に臨む姿勢 95

第6章　個々の場面で何を見るか 117

第7章　こんな秘策もあり！ 139

第8章　ISO内部監査の成果を活用する 161

第9章　ISO内部監査を工夫する 183

あとがき

第1章
ISO 内部監査の実態はいかに？

ISO 内部監査は，いま，どんな状況ですか？ 意味のある，組織の役に立つ活動となっていますか？ なんだか心配ですので，ちょっと様子を覗いてみましょう．

1.1　今日は内部監査を受ける日

＜憂うつな時間の浪費＞

認証取得からずいぶん時間が経って，マネジメントシステムの運営には慣れてきた．しかし，どうも内部監査を受けるのは慣れない．どうしてなのかな．

第1章　ISO内部監査の実態はいかに？

(1)　またあいつらがやってくる

　今日は内部監査か，すっかり忘れていた．今日もまたオレが一人で説明して，ずっと付き合わなければならないのか．誰か代わってくれないかな．

(2)　細かいことしか報告を受けていない

　これまでに何度も内部監査を受けたけど，調べるのは，いつも小うるさいこと．報告書にだって，ろくなことが載っていない．あんなことでも，内部監査員は務まるのかと感心する．

(3)　仕事があるのになぁ…早く終わってほしい

　内部監査員は，本当に，ウチの部門の仕事を，わかっているのだろうか．監査に来る前にちゃんと下調べを終えていて，本気を出しているのがわかれば，こちらだって，もうちょっと真剣に対応するのだけど，あれではどうも…．

　こっちにだって，大事な仕事があるんだ．あー，早く終わってくれないだろうか．

(4)　ISOなんてやめてほしい

　こんな目に遭うようになったのも，あの"ISO"ってのが始まってからだ．もういい加減に，ISOなんてやめたらいいのに．そうすれば，もっと時間を有効に活用できるようになると思うよ．

1.2 今日は内部監査を行う日

＜早く終わって職場に戻りたい＞

最初の頃は，あんなに燃えていた内部監査員も，いつの間にか，飽きがきているようですね．あなたが元気でないと，よくない気がするのだけど．

第1章　ISO内部監査の実態はいかに？

(1) 内部監査員は貧乏くじ

　なんでオレは，"内部監査員"などという役割を，させられているのだろうか．内部監査に行っても，うっとうしがられるだけだし．もうそろそろ，お役ご免という訳には，いかないものだろうか．

(2) どうせ報告書なんて，ろくに読まれない

　せっかく内部監査報告書を書いて残していっても，監査を受けた側からは，何も反応がない．内部監査員の苦労も，少しは知ってほしいものだね．内部監査員の研修では，いいことばかり聞かされたけど，やってみるとぜんぜん違うよ．

(3) 仕事があるのになぁ…早く終わりたい

　内部監査の間は，自分の仕事が止まってしまって，かなわないよ．席に戻ってパソコンを開けば，きっと電子メールがたくさん来ているだろうし，机の上は，書類の山になっているのだろうな．

(4) 内部監査が終わっても, 書類の整理に追われる

　そういえば，実地調査を終えても，書類整理が必要だし，ろくなことがないな．是正処置の有効性の確認も内部監査員の役割だから，うかつに不適合をたくさん出してしまうと，さらに自分の首を絞めることになるな．まったく，イヤになってくるよ．

1.3 内部監査は役に立っているか？

<新作川柳"重箱の隅つついて楽し内部監査">

内部監査は，私たちの組織にとって，本当に役立っているのでしょうか？　ちょっと立ち止まって，考え直してみても，よいのではないでしょうか．

第1章 ISO内部監査の実態はいかに？

(1) 規格で要求しているので仕方なく実施

ISOマネジメントシステムを導入してみたら，内部監査が付いてきました．そんなふうに，"内部監査が何ものか"がよくわからないうちに，何となく実施しているケースが多いのではないでしょうか．

(2) 内部監査は役に立っているか？

こんなきっかけからスタートすると，どうしても内部監査に力が入りません．そうなると，なかなか"役に立つ内部監査"になりづらい傾向があります．

(3) 監査が監査になっているだろうか？

それどころか"監査が監査になっていない"という状況となることも，あり得ます．本題は"システムを見る"なのですが，本質に迫ることなく，体系的に捉えることなく，何となく目に付いたことだけを"つまみ食い"する結果にも，なりかねません．

(4) やり方の問題？ やる人の問題？

こうなるのは，制度や方法の問題なのでしょうか，人の問題なのでしょうか．実際には，これら二つが相乗して，いまの結果に陥っているのでしょう．

そろそろ，この状態からの"脱出口"を見つけていきましょう．"役立つ"内部監査にもっていくために工夫を凝らすのは，内部監査員の醍醐味です．

1.4 そもそも監査って何？

<監査は "聴く" が基本>

そもそも "監査" とは，何なのだろう．"会計監査" というのもあるけど，何が違うのだろう．考え始めると，疑問が次々と浮かんできます．

第1章　ISO 内部監査の実態はいかに？

(1) "auditor"を翻訳ソフトにかけてみると

あるとき，手元にある英文を，インターネットの翻訳ソフトにかけてみたら，"聴者"という語が出てきました．英語の原文を見ると，"auditor"となっていました．

この訳語は，本質をよく突いています．というのも，"audit"の語源は，オーディオなどと同じであり，"聴く"が基本だからです．

(2) 規格では何を意図しているか

規格の意図は"マネジメントシステムの適合性と有効性の確認"に尽きます．実際の内部監査では，個々の段階・活動の成果を併せて調査することにより，実効性も評価していきます．

(3) 会計監査とは何が違うか

会計監査も ISO 内部監査も，"真実の探求"という目的は同じです．会計監査の場合は，お金が対象で，細かい数字を積み上げた結果から，用途や関連性を切り口に，全体像を解明します．ISO 内部監査では，確認の対象をシステムやプロセスと称しますが，手法や考え方の基本線は，ほぼ同じです．直接的な狙いには，経理運用や税務上の適切性と，顧客約束の履行や地球環境への貢献という違いがありますが，経営面に役立てるという点は共通です．

1.5　内部監査と第三者審査

＜うまく使い分ければ成果は上がる＞

認証機関などによる第三者審査も，進め方は内部監査とよく似ています．両者の目的や立場の違いを知って使い分けると，大きな成果が得られます．

第三者審査

- 適合性を冷静に判断
- マネジメントシステムには詳しい
- お金のことは対象外
- 外部の目から見た確認が可能

内部監査

- 有効性・効率を，情熱をもって確認
- 社内ルール制定の趣旨・背景に精通
- 改善を主体に提案に結び付ける
  （愛社精神をもとに，利潤面も考慮可能）

第1章　ISO内部監査の実態はいかに？

(1) 両者の特徴

　第三者審査は"客観的で冷静な確認"という傾向があります．"外部の目"の有効性よりも，適合性の確認が主体となる傾向があります．一方，内部監査は，社内の人による監査なので，"有効性と効率を，情熱をもって確認"できやすい状況にあります．

(2) 第三者審査で活き活き

　第三者審査の審査員は，マネジメントシステムに詳しい人です．こんな人が，情熱をもって審査すると，とてつもない成果をあげることがあります．こんなとき，私たちは，感謝したくなります．

(3) 見解の相違は説明して解決

　しかし，私たちの組織・製品・活動に精通していない審査員が妙に情熱をもって審査すると，見当はずれの結論や，おせっかいなコメントが残ることもあります．こんなときは，業務・活動の基本原理を説明して，矛先を収めてもらいましょう．

(4) 第三者審査の外形だけをまねる内部監査は？

　"第三者審査は内部監査の見本"という面もありますが，両者の目的と立場の違いを考えずにまねると冷酷なだけの内部監査になりかねません．内部監査の原動力が"愛社精神"にあることをお忘れなく．

1.6 内部監査は誰のためのものか？

＜内部監査は気づきの場面＞

内部監査を漫然と受けている，そこのあなた．内部監査は，誰のために行われていて，何をどう役立てるべきかを，もう一度よく考えてみてください．

第1章　ISO内部監査の実態はいかに？

(1) 内部監査は本来は重要な情報源

新しいことを考えたり，いまやっていることを工夫したりする人は，必要情報が得られるアンテナを随所に張っているものです．監査対象者にとっても，内部監査は，そんな情報源の一つなのです．

(2) 是正処置を"書く"？

不適合を受けてしまった．また是正処置か．まぁ何か書いておけば，それで済むかな．是正処置を"講じる"が"書く"にすり替わっていませんか．

(3) 管理職しか見ない内部監査報告書？

"ISOは管理職の活動だから，内部監査も管理職が対応すればよい"って，それ絶対に間違っています！内部監査報告書は工夫のヒントが詰まった"宝の山"．管理職が見るだけでは，もったいなさすぎます．

(4) 一度でもクリーンヒットが出せたら

"是正処置を書く"も"管理職しか見ない"も，従来からの内部監査の内容と質に問題がありそうです．内部監査だからこそと思える"クリーンヒット"が一度でも出せると，雰囲気はガラリと変わります．

システムの本質を見抜く力を磨き，監査対象者といっしょに考える姿勢に徹するなど，内部監査員が工夫することで，クリーンヒットへの道が開けます．

1.7　経営者にとっての内部監査

＜得難い情報を得るチャンス＞

経営者は孤独です．誰も経営を教えてはくれません．しかし，情報があれば，手を打てます．内部監査は，経営者に考えるチャンスをもたらします．

第 1 章　ISO 内部監査の実態はいかに？

(1) 日常業務とマネジメント

"決められたことを決められたとおりに行う"は，基本ですが，業務は順調に進むとは限りません．しかも，新たなことに取り組む際には，"決められたこと"すらないかもしれません．こういった場面ごとに"判断"するのが，"マネジメント"の世界です．

(2) 経営者の目線と担当者の目線

担当者は，どうしても自分の周囲のことだけが，頭の中をめぐります．しかし経営者は，もっと大局的なこと，長期的なことも考える必要があります．経営者と担当者の目線には，こんな違いが生じます．

(3) 経営に役立つ情報がほしい

物事を判断・指示するには，どうしても情報が必要です．しかし，必要な情報が常に得られるとは限りません．内部監査は，経営者が必要な情報を得ることができる，貴重なチャンネルの一つなのです．

(4) 経営者の視点に立った内部監査

内部監査には，"新たなことに取り組む際に"とか"自分が経営者ならば"といった仮定の視点も必要です．そのために"内部監査で何を調べるか，どの水準まで掘り下げるか，何を報告するべきか"などを，事前によく想定しておくことが大切です．

1.8　ヒラ社員に内部監査は無理？

＜あなたは信頼を得て任命された＞

"マネジメントシステムの内部監査は，マネジメントに携わっていない人には無理"ですか．いえいえ，あなたは選ばれた人です．自信をもってください．

第1章　ISO内部監査の実態はいかに？

(1) 内部監査員への任命は信頼の証

　内部監査のやり方を誤ると，組織はあらぬ方向に進みかねません．ですから，信頼できない人に内部監査を任せることは，絶対にありません．そうです，あなたは選ばれた人なのです．

(2) この際"仮面"をかぶってみましょう

　"私はヒラ社員．職制が上の人に，指摘なんて"と思っている人，ハイ，"仮面"をお貸ししましょう．
　"仮面"をかぶると，自分が自分ではないみたいで，何でも見えて，何でも言えるようになります．

(3) 指摘内容が良ければ信頼される

　鋭いところを突かれると，誰しも，たじろぎます．これまで考えたこともなかった内容だと理解に時間を要することもあります．しかし，的を射た指摘であれば納得してもらえるでしょう．管理職は，会社や部門や自分に役立つ内容にはどん欲です．指摘内容が意義深く役立つものであることを誠意をもって説明して，なるほどと思ってもらうことが大切です．

(4) 内部監査員に向く人と向かない人

　内部監査に向かない人もいます．普段から何も考えていない人には，おそらく真実を見る力が不足しているので，職制の上下にかかわらず無理でしょう．

1.9 内部監査員はウデを磨いているか?

<何年経っても成長しない人>

自動車の運転が早く上達する人と,いつまでも上達しない人.普段から気づき考え工夫しているか否かで,大きな差が付きます.内部監査も同じです.

第1章　ISO内部監査の実態はいかに？

(1) いつも切り口がワンパターン

"前回も同じ切り口で同じことを聞いて重箱の隅をつついていた". ときどき, そんなワンパターン内部監査員を見かけます. 何のために内部監査しているのか, 自分でもわからなくなっていませんか？

(2) ちょっと記録を覗くだけ

内部監査に行っておきながら, 記録を見るだけで, 活動状況を全然見聞きしない内部監査員もいます. 記録に表れないことが案外重要で, 考える良いきっかけとなるのに, もったいないことです.

(3) 他の内部監査員から学ぶ

チームで内部監査を行うと, いろいろと学べます. "人のふり見て我がふり直せ"とはよく言ったもので, 他の内部監査員のやり方は, 見て損はありません. 自分に自信がないと, 他人に見られたくないという心理が働きがちですが, 見てもらうのも学習です.

(4) 内部監査を通じて自分を成長させる

内部監査は, 奉仕活動なのでしょうか. そして, 一方的に施しを与えるだけなのでしょうか.

内部監査は, 物事を調べて考える必要のある自己鍛錬の場であり, 継続することは, 自分の成長につながります. 決して無駄なことではありません.

1.10　推進と向上のための強い意志

＜内部監査の推進責任者はプロモーター＞

いつ誰に，どの部門・活動の内部監査を，どんな切り口で行ってもらおうか．内部監査の水準を上げるにはどうしようか．推進責任者の悩みは尽きません．

第 1 章　ISO 内部監査の実態はいかに？

(1)　放っておいては成長は望めない

　筆者も含めて，多くの人は面倒くさがり屋の怠け者で，何かきっかけがないとなかなか勉強も工夫もしません．推進責任者は，マネジメントシステムを検討・工夫するきっかけをセッティングしましょう．

(2)　内部監査員は普及・浸透の立役者

　マネジメントシステム導入の初期段階では，内部監査員は，組織内への普及・浸透役を担っていますが，そのうちに，マネジメントシステムの運用者たちはたいてい"日常業務が忙しい"という理由を見つけて，検討や工夫のレベルが低下してきます．次に内部監査員が演じるのは，仕掛け人です．ぬるま湯から抜け出して，根本事項にまでさかのぼって再考し，現状打破へと導く立役者になりましょう．

(3)　内部監査員に対する激励

　そんな内部監査員の役割を，内部監査の対象部門（と内部監査員自身）に理解してもらうことは，マネジメントシステム運用の推進責任者の大切なプロモーション活動の一つです．単に内部監査員に"頑張れ"と言っても，そう簡単に頑張れるものではありません．8 章や 9 章でも紹介しますが，成果の活用や工夫・改善結果の公表など，モチベーション向上のきっかけづくりが大切です．

第2章
ISO内部監査の成長と変遷

マネジメントシステムは生きものであり，運用する人たちとともに成長します．もちろん内部監査にも成長は不可欠です．見方も位置づけも，次第に変化するものと考えましょう．

2.1 組織にとって初めての内部監査

＜何をどうしてよいかわかりません＞

初めての内部監査が近づいているのに，何をどうすればよいのか，内部監査員も対象部門も大騒動．"ままよ"と始めてみると，思うようにいかなくて…．

第2章　ISO内部監査の成長と変遷

(1) 私は何を行えばよいのでしょうか

内部監査員の研修から3か月が経過．受講時には内部監査手法を理解していたつもりでしたが，いざ準備を始めてみると，うまくいきません．

(2) 内部監査員も監査対象者もドキドキ

今日は，いよいよ内部監査員デビューです．しかし，何から調べればよいのやら．作戦は，いろいろ考えてきたものの，なかなか思うようにいきません．

そのうえ，監査対象者も要領を得なくて，右往左往．はかどらなくても時間は過ぎて，タイムアウト．

(3) 人は，やってみて初めてわかる

おいしいかまずいかは，試食してみないと，なかなかわかりません．試食の結果，内部監査は，結構難しいと判明．また，身内同士なので，照れと格好つけで，妙に意識しすぎることも知りました．

(4) 初めての内部監査は，いわば"練習"

組織にとっての初の行事が，最初からうまくいくならば，それに越したことはありません．しかし，うまくいかないことも，ずいぶん多いものです．

初めての内部監査は，この際"練習"と割り切るのも一法です．ただし，練習経験をバネにして，2回目以降に十分に活かすならばの話ですが．

2.2 システムの成長と内部監査の成長

<内部監査は置いてきぼりになりやすい>

人が成長するように,システムも成長します.だけど,ルール文書化は置いてきぼり.内部監査員は,ルールの変化に付いていけずに,右往左往….

第2章　ISO内部監査の成長と変遷

(1) システムは生きもの

　ルール制定の背景が変われば，ルールは変わる．働く人の気質が変われば，ルールは変わる．いつの間にか変貌したものもあれば，急遽ルールを設定したものもある．むしろ，何があっても変化しないルールの方が，こわいような気がしませんか．

(2) ルール文書の改訂は遅れ気味

　ルールが変わったのに，ルールを記す文書の改訂が追い付かないことが多いようです．内部監査員は，ルール文書だけに頼らずに，何が適切で正しいかを調べて考えて，判断していく必要があります．

(3) 内部監査の位置づけや見方も変わる

　マネジメントシステム導入初期段階では，ルールどおりに実施しているかどうかの判断が主でしたが，システムの普及と成長に伴って，たとえば"まずはルールを疑う"といった変化球も必要となります．大切なことは有意義なシステムに導くことです．

(4) 内部監査員も意識改革を

　内部監査員が慣れる頃には，ちょうどシステムの方が変化する時期に当たったりします．このことを強く意識していないと，内部監査員は，システムの成長から取り残されかねません．

2.3 存在確認から有効性評価へ

<導入から活用へ>

導入時には，"文書の存在"や"記録の存在"だけ確認していたら済んだのに．認証取得後は，そんなのは当たり前．私は何を内部監査しましょうか？

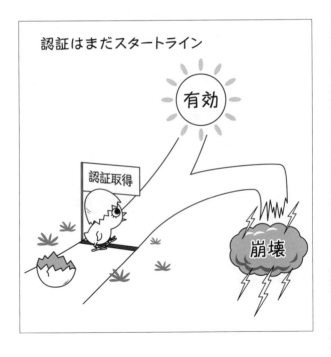

第2章　ISO内部監査の成長と変遷

(1) 構築開始から初回認証審査まで

早い組織では，マネジメントシステムの運用開始から3～4か月後に初回認証審査を受けます．この間の内部監査は，運用開始前からあったルールの正当性の再確認と，システムの存在確認が主体です．

(2) 認証取得後の初期段階

"認証"という関門を越えて，ようやく土俵に上がります．現実には"運用開始でひとまず認証取得，その後にマネジメントシステムの本格運用と浸透"ということが多いようです．この段階では，抜本的な改善ポイントを蓄積しておくことが大切です．

(3) システムの成熟段階

認証を経て，真の意味での"スタートライン"に並びますが，この段階ではまだヨチヨチ歩きの成長途上です．基本原理や全体像が見えてきたこの段階から，"組織として本当に有効なマネジメントシステム"となるかどうかの分かれ道に差しかかります．

(4) 将来に向けた成長

組織が成長するように，マネジメントシステムも成長していきます．将来に向けてどのように進めていくかを考えて実践するときこそ，内部監査員が，けん引役としての実力を発揮しましょう．

2.4　システム監査から成果監査へ

＜本質の領域への踏み出し＞

内部監査ではシステムを見るというけど，それだけでは，必ずしも成果が上がるとは限らないみたい．確かな成果向上が，監査の本質的な意図なのだから．

第2章　ISO内部監査の成長と変遷

(1) システム構築は模倣から始まる

新しいことにチャレンジする際に，"模倣"から始めることも多いのではないでしょうか．マネジメントシステム構築も，参考書を買って勉強して，模倣から始めた組織が多いように見受けられます．

(2) 成果が出なければシステムの意味はない

模倣から始まったシステムでも，組織内で実際に使う以上は，成果が重視されます．内部監査の基本はマネジメントシステムの適合性と有効性の確認ですが，成果につながる切り口も忘れてはなりません．

(3) 成果監査（パフォーマンス監査）

成果自体を調査するだけでなく，成果を上げる背景・経緯・仕組みの成否を中心に調査する監査（パフォーマンス監査）もあります．成果に直結する秘訣を見いだし，他所への展開に結び付けば，効果倍増．環境だけでなく，品質でも有効な方策です．

(4) プロセス監査と製品監査

成果が上がる秘訣と安心の源泉を確認するために，特定のプロセスや製品を徹底調査して，根本事項を押さえながら，改善箇所を見いだす監査もあります．焦点を絞った集中確認だからこそ，本質に迫った，技術革新に結び付く情報が得られます．

2.5 部門単位型から一貫性追跡型へ

＜仕事の連鎖を直視しよう＞

これまでは部門単位で実施してきましたが，仕事の多くは複数部門が関与しています．この際，一連の流れを見る監査形態も考えてみましょう．

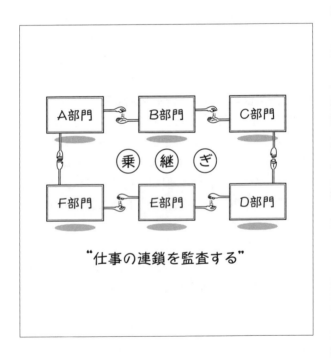

"仕事の連鎖を監査する"

第2章　ISO内部監査の成長と変遷

(1) 内部監査の調査方法は一つではない

　小規模組織では，全員を1か所に集めて監査することも可能です．しかし，組織規模が大きくなると，①部門ごとに区切る，②要求事項ごとに個別調査する，③契約・型式ごとに業務連鎖を確認するなど，範囲を区切りながら調査せざるを得ません．

(2) 仕事には乗継ぎがある

　現実の内部監査では，部門ごとに調査する形態が主流のようです．この方法，部門内の状況確認には向いています．しかし，現実の仕事には部門間の乗継ぎがあり，これらの調査は，結構，大変です．

(3) 一貫性の追跡（上流と下流）

　特定の契約・型式などに関わる業務一式について，一連の流れに沿って上流から下流に，逆に下流から上流に，連鎖的に監査する方法があります．この方法は，一貫性の追跡に向いています．

(4) 問題発生時を想定して

　問題の発生時には，"なぜ発生したか"を徹底究明することでしょう．新製品の開発〜生産時には，業務間の相互整合に注意を払うことでしょう．こんな切り口で一貫性を確認する監査を，部門単位での監査と併用すると，両者の短所を補完できます．

2.6 よそゆきから普段着へ

<格好ばかり立派でも>

"マネジメントシステムは形を整えることですよね"と言われて,何となく違和感をもった.外見はよくても,内容を伴わない"張りぼて"は,困りもの.

第2章　ISO内部監査の成長と変遷

(1) マネジメントシステムは普段着の世界

"マネジメントシステム"は，対象が品質でも環境でも，扱う内容は普段の仕事そのものです．普段の仕事に組み込んでおかないと，続けられません．

(2) よそゆきを長く着ると疲労が溜まる

よそゆきを着て晴れの舞台に立った日は，自宅に戻ると，疲労が一気に吹き出します．普段着に着替えると，やっと落ち着きます．どうも私には，長時間よそゆきを着続けるのは，窮屈でなりません．

(3) ときには"Tシャツとジーンズ"のシステムで

職場でも"ネクタイ・上着なし"が定着しつつある時代です．姿かたちにこだわる必要はありません．肩肘張らずに運用できてこそ，本物のマネジメントシステムと言えるでしょう．

(4) でも馴れ合いはよくない

しかし馴れ合いは禁物です．普段着と思っていたものが，実は単なる馴れ合いだったということも，よくあります．よそゆきも，時には大切です．

普段着か，馴れ合いか．それとも，よそゆきにする必要があるか．こんな観点で内部監査してみると，案外，組織と業務の本質に肉迫できます．内部監査には，さまざまな工夫の余地があるのです．

2.7 受け手も変化する

<内部監査を受ける側も成長しています！>

拝啓，内部監査員さま．いつも内部監査ご苦労さまです．調査内容が毎回同じなので，とても助かっています．でも,私たちの変化も感じ取ってください．

第2章　ISO内部監査の成長と変遷

(1) 今日の私は昨日までの私と違います

　私たち自身が成長しているように，私たちの仕事ぶりも，マネジメントシステムも，成長しています．それもこれも，日々の工夫の成果です．いつまでも同じところには，とどまっていません．

(2) まだ気づきませんか？

　毎回工夫している内部監査員は少数派で，十年一日ワンパターン厳守派の人が大勢のようです．どうです？　私たちが変化・成長・進化していることには，お気づきになりましたでしょうか？

(3) 私たちは期待しています

　"内部監査はマネジメントシステム改善の立役者"だとうかがっていますが，内部監査員の工夫なくして，マネジメントシステムの改善に役立つとは，私にはとても思えません．このことに，気づいてほしいと，私たちは切望しています．

(4) 組織内の者は，みんな運命共同体

　職場の面々も，内部監査員も，みんな運命共同体です．いっしょに組織を良くしていきたいのです．内部監査員が，そんな気持ちを強くもてば，歯車がうまく噛み合って，きっと組織は良い方向に変わることでしょう．みんなハッピーになりたいのだから．

2.8 経営者も変化する

＜内部監査への期待は毎回高くなる＞

内部監査は，経営者にとっても有用な情報源です．その有用性を知れば知るほど，調べてほしいことの範囲が広がり，期待も高くなっていきます．

第2章　ISO内部監査の成長と変遷

(1) 最初は何となく情報を得ていた

マネジメントシステム導入の初期段階には，内部監査から得られる情報は，たかが知れていると思って，軽く扱っていました．なにしろ，その時分の情報は，たいしたものではなかったので．

(2) あるとき，得られる情報の有用性に気づいた

内部監査も回数を重ねるうちに，これは，という情報が舞い込むようになって，有用性に気づきました．内部監査水準も次第に上がってきたようで，いまでは，経営者である私には，貴重な情報源です．

(3) 経営者自身も内部監査を受けてみた

内部監査員は"経営者も組織活動の一要素"だと言って，私も監査対象に含まれるようになりました．ストレートな質問に，時には度肝を抜かれますが，私が気づかないことを指摘されるのは，痛快です．

(4) 期待と期待の話合い

欲する情報は，待っているだけでは得られません．そこで，内部監査員との話合いの場をもちました．内部監査成果を何に役立てたいか，そのためにどのような情報が欲しいかなど，こちらから要望を出しました．内部監査員からも，多くの意見が出ました．結局，腹を割った話合いが有効だったと思います．

2.9 内部監査の外部委託

<第三者審査とは異なる外からの目>

組織内の人だけで行う内部監査は,そろそろ限界.
とはいえ,第三者審査では本音は言いづらい.ならば,その中間を狙った新手(あらて)も導入してみるか.

第2章　ISO内部監査の成長と変遷

(1) ISO 14001 は外部委託を後押し

　ISO 14001 の"0.5 この規格の内容"では，顧客など，利害関係者による適合の確認と，組織外部の人又はグループによる自己宣言の確認を，適合の実証方法として紹介しています．運用状況の確認方法は，一様ではありません．

(2) 監査対象組織外との相互内部監査はいかが？

　監査対象組織内の人のみで内部監査を行うと，掘り下げた確認が可能ですが，先入観をもちすぎる傾向があります．他方，第三者審査は，公式的すぎるきらいがあります．その点，異なったシステムを運用している社内の別事業部との相互内部監査なら，最初は気がねがあっても，思わぬ切り口から新たな光が射してくることもあるでしょう．さらに別会社の人による監査ならば，物事の捉え方や気質の違いから，想像もしなかった効果が得られることも．

(3) 地域の人や外部専門家に見てもらう

　自己宣言となると，組織内の内部監査だけでは独りよがりや馴れ合いになりやすいものです．地域の人や外部専門家が内部監査に参加すると，ある程度の客観性と刺激が得られます．顧客や地域が第三者認証を求めていなければ，内部監査を外部委託して確認を受けて，適合性を証明する方法もあります．

2.10 内部監査員の力量の外部証明

<内部監査員としての実力を認めてもらう>

内部監査員として活躍していますが，私の実力って，どの程度なのでしょう？ 社外から認めてもらう方法は，何かないものだろうか？

第2章　ISO内部監査の成長と変遷

(1) 審査員資格

第三者認証の審査員の資格をもつことは，高度な力量証明として役立ちます．しかし，審査員として活動予定がない人にとって，5日間の研修と試験を受けるのは，ちょっと大変です．

(2) 公認された内部監査員研修の修了

JATA（審査員研修機関連絡協議会）は，研修内容，時間，試験などが適切な研修コースを公認しています．IRCAやJRCAにも類似制度があります．ただし，受講時の力量証明だけですので，その後の実力向上の証明は得られません．

(3) 内部監査員の登録制度

IRCA（審査員・監査員の国際的な登録機関）は，25年以上前から内部監査員の登録制度を設けています．認定研修コースを受講すると内部監査員補に，監査実績を積むことで内部監査員に登録可能です．JRCA（日本の機関）にも類似制度があります．

(4) 監査員検定

マネジメントシステム監査員の資格検定を，複数の機関が実施しています．いずれも民間資格です．それぞれ級を設けていて，合格の時点でどの程度の力量を有しているかを証明することが可能です．

第3章
監査に関する規格
"ISO 19011"のポイント

ISO 19011は,マネジメントシステム規格に伴う監査全般にわたる手引を扱う規格です.内部監査は,この規格の順守が必須な訳ではありませんが,基本線は押えた方がよいでしょう.

' 'の中の英数字はISO 19011の箇条番号などを示します.

3.1 ISO 19011 の目指すもの

<なぜこの規格があるのだろうか?>

世の中に,意図なく存在している規格はありません.ISO 19011 規格の制定目的を切り口として,規格の箇条に沿って,順に解きほぐしていきます.

JIS Q 19011 は,世界共通の規格である ISO 19011 を忠実に日本語訳にしたものです.
JIS Q 19011 を参照すれば,ISO を参照した場合と同様,世界に通用するものとなります.

第3章 監査に関する規格 "ISO 19011" のポイント

(1) 規格制定の背景

ISO 19011 の表題は,"マネジメントシステム監査のための指針"です.ISO 9001 も ISO 14001 も,マネジメントシステム規格ですが,扱う内容は異なります.しかし,監査の概念と手法は共通性が高いことから,いずれにも活用できる監査の指針を目指して,制定されました.

(2) 規格は生きもの

規格は,そのユーザーを設定したうえで制定されます.しかし,ユーザーは,時代とともに変わりますし,使い方も変化していきます.国際規格といえども,その変化に対応する必要があり,5年を基本周期として,改訂の要・不要を確認しています.

(3) ISO 19011 の中での内部監査

この規格の表題は "監査" であり,"内部監査" という枕詞は付いていません.つまり,第一者監査にも,第二者監査にも適用可能です.

組織内の相互確認の第一者監査(内部監査)と,顧客の立場による確認の第二者監査とでは,視点や手続き面が異なります.しかし,監査の基本原理は共通です.内部監査では,規格の精神を活かしつつ,組織間の公式行事に伴う事項を簡略化することで,現実的な運用が可能となります.

3.2 '序文' '1 適用範囲' '2 引用規格' '3 用語及び定義'

<いろいろある前提条件>

規格の冒頭には,さまざまな前提条件が記載されています.記載内容の構成は ISO 規格すべてに共通ですが,中身には,"気持ち"が込められています.

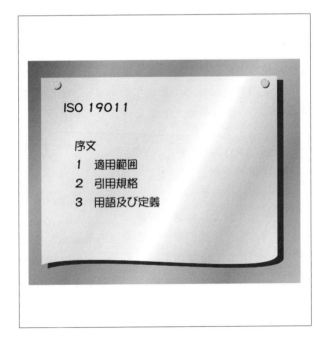

第3章 監査に関する規格 "ISO 19011" のポイント

(1) 序文

ISO 19011 は,あらゆる分野で活用可能なマネジメントシステム監査用の指針であり,複合監査にも自己宣言にも利用できる旨を説明しています.

実践的な手引を附属書Aに記していますが,その利用の仕方は,組織の特色やシステムの成熟度に応じて柔軟性があることを意図しています.

監査プロセスが監査目的を達成しないリスクと,監査が監査対象者の活動を妨げる可能性のリスクという,監査上の二つのリスクに言及しています.監査プログラムを策定する際の考慮が必要ですね.

(2) 適用範囲 ['1']

この規格は,マネジメントシステムの内部監査と外部監査のいずれにも適用可能です(認証のための第三者審査では,ISO/IEC 17021-1 を用います).

(3) 引用規格 ['2']

この規格にはことさら引用規格はありません.用語の定義も,この規格の中に含めてあります.

(4) 用語及び定義 ['3']

この規格では,監査に関連する 26 種類の用語を定義しています.

3.3 '4 監査の原則'

< ISO 19011 の基本>

内部監査を通じて適切な結論と十分な情報を提供し,同じ状況に遭遇したときに同じ判断を下せるようにする.これが監査の最も重要な原則です.

ISO 19011

4 監査の原則
a) 高潔さ
b) 公正な報告
c) 専門家としての正当な注意
d) 機密保持
e) 独立性
f) 証拠に基づくアプローチ
g) リスクに基づくアプローチ

第3章 監査に関する規格"ISO 19011"のポイント

(1) 高潔さ ['a)']
"うしろめたいことをしない"ことが監査の基礎.

(2) 公正な報告 ['b)']
ありのままに正確に報告すること. 同意が得られなかったことも大切な情報です. 公正に報告します.

(3) 専門家としての正当な注意 ['c)']
根拠のある判断に至るために, 注意深く捉えます. 気配り目配りのほか, 発言にも注意が必要です.

(4) 機密保持 ['d)']
監査では, 人事記録など, 社内でも機密事項にも触れます. 機密事項は, 墓場までもっていきます.

(5) 独立性 ['e)']
客観性を忘れず, 揺さぶられないことは重要です.

(6) 証拠に基づくアプローチ ['f)']
監査では, 思い込みや推測でなく, 事実を積み重ねます. 偏ったサンプリングも御法度です.

(7) リスクに基づくアプローチ ['g)']
監査という貴重な機会を活かします. その際に不確かさの影響(リスクの定義)の留意も必要です.

3.4 '5 監査プログラムのマネジメント'①

<大きな枠組みで物事が決まる>

監査プログラムとは,内部監査の大枠の性格づけと進め方に関するストーリーを描き出すこと.個々の内部監査の方向性は,この段階で決まってきます.

ISO 19011

5　監査プログラムのマネジメント
　5.1　一般
　5.2　監査プログラムの目的の確立
　5.3　監査プログラムのリスク及び
　　　機会の決定及び評価
　5.4　監査プログラムの確立

第3章　監査に関する規格"ISO 19011"のポイント

(1) 一般 ['5.1']

内部監査の主な目的は，マネジメントシステムが適合していて有効なものであることの確認です．

監査プログラムは，"ある期間に行う一連の監査で所定の目的を達成するための作戦立て"です．1サイクルで，意図する調査一式ができるように段取りします．

(2) 監査プログラムの目的の確立 ['5.2']

監査プログラムは"目的達成"のために確立します．今回の目的は，法規制の順守確認ですか？　改善のきっかけ提供ですか？　経営面ですか？

全活動を均等確認するか，集中確認するかの検討，監査の頻度・所要時間・順序の設定のほか，組織の状況や，過去と直近の運用状態，組織変更，業務の多寡などに，前述の目的を勘案して，指定します．

(3) 監査プログラムのリスク及び機会の決定及び評価['5.3']

監査の実施やマネジメントで，どのような失敗や改善の可能性があるかを捉え，関係者に提示します．

(4) 監査プログラムの確立 ['5.4']

監査プログラムの責任者の采配が重要なので，マネジメント面や技術面の知識・技能が必要です．また，監査プログラムの範囲や資源も扱っています．

3.5 '5 監査プログラムのマネジメント'②

<やり方を具体的に決める>

監査プログラムを実施する際には,各種要素への配慮が必要です.実施結果に基づいて,修正の要否を判断し,さらに有効になるように軌道修正します.

ISO 19011

5　監査プログラムのマネジメント
5.5　監査プログラムの実施
5.6　監査プログラムの監視
5.7　監査プログラムのレビュー及び改善

第3章　監査に関する規格"ISO 19011"のポイント

(1) 監査プログラムの実施 ['5.5']

監査プログラムに基づき，個々の監査の目的や範囲，方法などを設定します．内部監査は力量への依存度が高いので，公平性・独立性・専門性と所要時間・人数などを考慮して内部監査チームを人選します．

監査プログラムの実施の実証に関する記録を，2012年以降に制定・改訂したすべてのマネジメントシステム規格で要求しています．'5.5.7'では，監査プログラムの目的・領域・リスク及び機会・課題・有効性のレビュー，監査・不適合・是正処置・フォローアップなどの各報告書，監査員の力量やパフォーマンス評価などを記録することを紹介しています．

(2) 監査プログラムの監視 ['5.6']

監査プログラム，スケジュール，監査目的の適否，監査チームの実施状況や成果の評価など，監査プログラムを監視して，必要時には修正します．

(3) 監査プログラムのレビュー及び改善 ['5.7']

監査プログラムを監査目的の達成の面からレビューします．経営者や監査対象者からニーズや期待，代替の監査方法やリスク対応策の創案など，レビューで得た知見は，監査プログラムの継続的改善に役立てる，つまり"監査プログラムの管理のPDCA"です．将来に向けて，ノウハウを蓄積しましょう．

3.6 '6 監査の実施' ①

<監査の充実度は監査前に決まる>

内部監査の前半は，いわば準備段階．この段階での良否が，実地以降での成果に大きく響いてきます．本番に備えて，十分に予習しておきましょう．

ISO 19011

6 監査の実施
6.1 一般
6.2 監査の開始
6.3 監査活動の準備

第3章 監査に関する規格"ISO 19011"のポイント

(1) 一般 ['6.1']

内部監査は,監査の目的と監査範囲,対象活動・部門の内容・状況などを考慮して実施します.

(2) 監査の開始 ['6.2']

内部監査は,これ以降,監査チームリーダーが主体となって,推進します.

監査対象者に連絡を取って,計画の立案に必要な文書や記録の閲覧を求め,日程を調整し,互いの不明点などを解消して合意形成します.協力が得られて予定どおり監査できるか否かも判断します.

(3) 監査活動の準備 ['6.3']

マネジメントシステム文書をレビューし,監査活動に備えるとともに,潜在的ギャップを検出します.併せて,前回までの監査報告書に目を通します.

個々の監査について,実施目的を明らかにして,監査範囲・監査基準・監査方法・時期・順番・監査後の処置などを指定します.また,監査チーム内の役割分担を指定します.

チェックリストや記入用紙など,作業文書を作成します.チェックリストは必須ではありませんが,チェック項目を事前に想定するのは有効です.

準備段階は,内部監査の作戦立ての場面であり,監査を確実に効率良く進めるのに役立ちます.

3.7 '6 監査の実施' ②

＜成果は監査後の活動で決まる＞

いよいよ内部監査の本番です．内部監査員は過去と現在を見極めて，未来に役立つ情報を提供します．この情報が有効活用されれば，内部監査は成功！

ISO 19011

6　監査の実施
　6.4　監査活動の実施
　6.5　監査報告書の作成及び配付
　6.6　監査の完了
　6.7　監査のフォローアップの実施

第3章 監査に関する規格"ISO 19011"のポイント

(1) 監査活動の実施 ['6.4']

初回会議,監査中の連絡,案内役とオブザーバの役割,情報収集・検証,監査所見と監査結論の作成,最終会議といった,盛りだくさんの内容が並びます.

実地監査では,検証可能な情報に基づいて状況を把握して,本質を見抜いて,客観的で公平に判断を下します.監査で得た所見と結論を最終会議で説明して,監査対象者と合意形成します.

(2) 監査報告書の作成及び配付 ['6.5']

監査報告書は"完全・正確・簡潔・明確な監査記録の提供"が趣旨で,監査結論を報告するものです.監査報告書の内容は,一般に,監査チームリーダー(監査現場での確認の責任者)が責任をもちます.

(3) 監査の完了 ['6.6']

計画した監査活動すべてを実施し,監査報告書を承認・配付したら,監査はいったん完了です.入手情報によっては,内部といえども機密とするものもあるので,その扱いには配慮が必要です.

(4) 監査のフォローアップの実施 ['6.7']

内部監査の結果に応じて,修正処置・是正処置・改善処置を講じます(監査活動とは別枠でよい).処置の完了と有効性の検証がフォローアップです.

3.8 '7 監査員の力量及び評価' ①

<内部監査を誰にやってもらうか>

いかに内部監査システムが素晴らしくても，最後に魂を入れるのは"人"．誰に内部監査員になってもらいましょうか？ 誰ならば向いていますか？

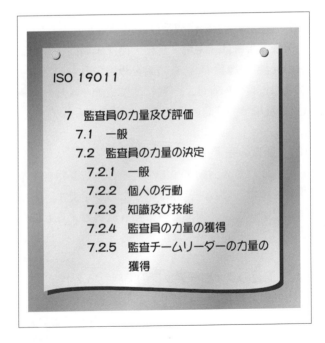

ISO 19011

7 監査員の力量及び評価
 7.1 一般
 7.2 監査員の力量の決定
  7.2.1 一般
  7.2.2 個人の行動
  7.2.3 知識及び技能
  7.2.4 監査員の力量の獲得
  7.2.5 監査チームリーダーの力量の獲得

第3章 監査に関する規格 "ISO 19011" のポイント

(1) 一般 ['7.1 / 7.2.1']

監査の成否は,監査員の"力量"に依存します.ISO 19011では,力量を,個人の行動と知識・技能,訓練・経験の積み重ねとして描いています.

(2) 個人の行動 ['7.2.2']

倫理的,広い心,外交的,観察力,鋭い知覚,適応性,粘り強さ,決断力など,監査員が有していることが望ましい13種の特質を紹介しています.さてあなたは,いくつ有していますか.

(3) 知識及び技能 ['7.2.3']

監査員や監査チームリーダーには,特有の知識と技能(ウデ)が必要とされるほか,品質・環境などの分野に固有の方法・技法・プロセス・慣行などの専門知識・技能も必要です."マネジメントシステムを知っていればOK"という訳ではありません.知識とウデ,二つがそろって1セットです.

(4) 監査員と監査チームリーダーの力量の獲得 ['7.2.4 / 7.2.5']

知っている,応用が効く,本質を見抜ける,判断できる,見いだし聞きだせる,チームをけん引できるなど,監査員には場面に応じた能力が必要です.

専門教育や訓練,業務経験,職制経験,監査経験などを通じて,必要な力量を獲得します.

3.9 '7 監査員の力量及び評価' ②

<ウデの確かさは努力のたまもの>

"最初から素晴らしい水準の内部監査員"はいません.人は少しずつ成長するもの.いかにして優れた内部監査員を育成するかは,非常に大切です.

第3章 監査に関する規格"ISO 19011"のポイント

(1) 監査員の評価基準の確立 ['7.3']

知識・技術・技能など,専門能力の基準は定性的に示し,経験などは定量的に示すのが現実的です.

(2) 監査員の適切な評価方法の選択 ['7.4']

監査記録の評価,被監査者からのフィードバック,面接,観察,試験,監査後のレビューなど,複数の評価方法を利用して行うことを推奨しています.

(3) 監査員の評価の実施 ['7.5']

'7.2'で紹介した知識・技能などを獲得し,実際に適用できることを'7.3, 7.4'に基づいて評価します.内部監査の良否は,自組織の現状のみならず,将来をも左右しかねません.ビジネスセンスのある優秀な内部監査員を確保することは,とても重要です.

(4) 監査員の力量の維持及び向上 ['7.6']

監査員に必要な力量を維持・向上することも重要です.技術や手法は日進月歩であり,いつの間にか時代に取り残されることもあります.

内部監査も,日常業務や人間関係と同様に,当人の人柄次第であり,さらに,人としての年輪と,積み重ねた経験がものをいうように思えます.

質のよい内部監査員を育てるには,経営者にも,たゆまぬ努力が必要です.

3.10 品質・環境以外への適用

<マネジメントシステムは多くの要素の複合体>

ISO 19011で紹介している内部監査の手法は，品質・環境に限らず，あらゆるマネジメントシステムに適用可能です．

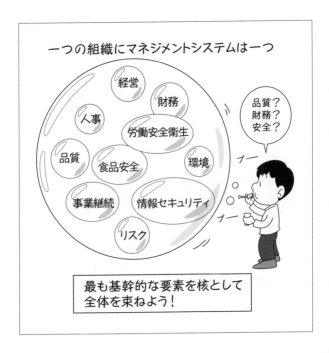

第3章 監査に関する規格"ISO 19011"のポイント

(1) 広がるマネジメントシステム規格

品質,環境,労働安全衛生,情報セキュリティ,道路交通安全,事業継続など,ある事項に組織全体で取り組むときに,"マネジメントシステム"として対処する形態の規格が,あたかも"雨後の筍(たけのこ)"のように増えてきました.いつまで続くのでしょうか.

(2) マネジメントシステムと言えば内部監査

すべてのマネジメントシステムと内部監査とは,ペアになっています."将来の展開に役立つシステム面の情報を内部監査で得てレビューする"という構図が有用なことが背景にあります.

(3) 他分野に適用するための準備と捉える

品質・環境で習得した内部監査の手法は,他分野にも適用可能です.といっても,扱う内容が異なりますから,それなりの勉強は必要です.現実には,どのマネジメントシステムであっても,自組織のこれまでの取組みが下地になっていますから,社内に専門家がいます.教えを請いましょう.

(4) 複合マネジメントシステム監査

適用するマネジメントシステム規格が増えても,組織のマネジメントシステムの屋台骨は共通です.柔軟に捉えて,複合的に対応していきましょう.

第4章
ISO 19011の附属書Aをもとに，実技面を考える

ISO 19011の附属書Aは，監査の手引です．ISO 9001/14001の2015年版で新設になった要求事項や，特に留意しておきたいものを中心に，本章では，実技面について考えてみましょう．

' '内はISO 19011の附属書Aの箇条の番号と表題を示します．

4.1 'A.6 サンプリング'

＜判断に基づくサンプリングの難しさ＞

内部監査では，統計的サンプリングは非現実的で，内部監査員が，判断に基づいて監査対象を選びます．偏らないサンプリングは意外に難しいものです．

どれにしようかな

第 4 章　ISO 19011 の附属書 A をもとに，実技面を考える

(1)　代表的サンプル　≠　無作為抽出

　調べたいことは枝葉でなく本質的なこと．無作為抽出でなく代表的サンプルを見抜くには，洞察力や瞬発力など，監査員の力量が試されます．普段から種々のセンスを磨いておくことは必須です．

(2)　監査前に監査対象の情報を得ておく

　監査対象者の方が詳しい領域に入るのだから，事前調査は重要です．品質状況や環境成果の推移や変化，目標の取組み，業務や工程の技術的な特色，部門の気質などは，マークしておきたいものです．

(3)　心配事をチェックして安心材料に

　設備・ソフト・技術の導入，材料・手法・要員の変更，組織改変や管理職の抜てきなどは，機会を狙ったものですが，ちょっと心配です．それらが円滑に進んでいたならば，将来に向けた安心材料に変わります．これらはぜひ調査したいものです．

(4)　自慢のタネを教えてね

　新サービス，顧客獲得，プロジェクト成功は工夫と努力の成果．それらはサンプリングして監査する価値があるので，自慢してもらい，たたえましょう．
　"ルール改定が実情の変化を未反映"という不適合が出がちですが，建設的な不一致と捉えましょう．

4.2 'A.7 マネジメントシステムにおける順守の監査'

<適合性と適法性>

ISO 14001 でいう"順守義務"は"法的要求事項とその他の要求事項"を指します．ここでは，環境に限らず，これらに対する状況の監査を扱います．

第4章　ISO 19011の附属書Aをもとに，実技面を考える

(1) 法規制や協定を守らないと…

法規制や地域との協定など，約束を守っていないと，何らかのそしりを受けることにもなりかねません．違反としての処分か，訴訟の対象か，業務継続への支障か，マスコミからの批判となるか….

(2) 適法性（法の番人）でなく，適合性の監査

順守状況のチェックは日常的・定期的な監視活動です．監査でも順守の状況を調べますが，チェック（法の番人）の機能がうまく働いているか否かを見極めるのがマネジメント面の監査の趣旨です．

(3) 順守が続けられる秘訣は？

順守し続けるには，実施内容の理解と，実施する時期になったことに気づく機能が必要です．また，順守義務の新設をキャッチできる態勢も必要です．

順守をチェックしていることの監査は容易です．しかし，"継続チェック可能な態勢か，チェック対象の法規制等の特定が十分か"の監査は難しいです．

(4) "何の順守が必要か"を知っておく

上記の(3)を監査するには，"どんなときにどんな法規制等が適用になるか"を見抜く知識と技能が必要です．それに対応できる態勢の改善に寄与できることが，監査員の勲章です．

4.3 'A.8 組織の状況の監査'

＜マネジメントシステムの前提条件＞

組織の課題を理解し，利害関係者の要求を理解することは，組織運営の前提条件．実務でなく，概念を扱う要求事項なので，なかなか監査しにくいですね．

第4章　ISO 19011の附属書Aをもとに，実技面を考える

(1) 経営計画と役員会

ISO 9001/14001 の"4 組織の状況"は経営の基本であり，これを知らないと監査できません．概念を扱う要求事項は，経営者が考えるだけで適合ですが，実現させるには，経営計画や役員会が関与します．

(2) 経営者に直接語ってもらう

組織の状況は，経営者が日頃から気にしています．経営者を内部監査して情報を得ることも可能ですが，内部監査員と経営者がいっしょに語り合う機会を設けて，共通認識をもてるようにするのが現実的です．

(3) 具体的なことは実行部隊に尋ねる

実務面は実行部隊（プロジェクト形態を含む）に委ねていることでしょう．具体的な内容や状況は，その人たちに尋ねます．必然性の高いものが大半でしょうから，おのずと真剣度も高いことでしょう．

(4) 概念の要求事項は監査全体を通じて調査

概念に関する要求事項は，経営者に状況を尋ねて終わりでなく，さまざまな人への調査が必要です．

組織の将来がかかった取組みでは，経営者が把握しているので，手続き面以外の不適合はありません．監査員も組織の構成員であり，関係者といっしょに協議するつもりで監査を進めましょう．

4.4 'A.9 リーダーシップ及びコミットメントの監査'

<マネジメントシステムのけん引役>

マネジメントシステムは,経営者の熱い想いを実現するための手段とも言い換えられます.そのために,経営者は組織全体を引っ張っているとも言えます.

第4章　ISO 19011の附属書Aをもとに，実技面を考える

(1) 経営者の熱い想い

コミットメントは"達成しようという強い意志をもって，約束・誓約する"ことを意味しています．品質はビジネスそのものであり，否応なしに対応を求められます．環境は順守義務以外は任意の取組みなので，この想いとリーダーシップが生命線です．

(2) 各人に想いが伝わってこそ

監査員は組織の一員であり，普段からその想いを感じていることでしょう．他の人たちがどのくらい受け止めているかを尋ね，もし十分でないならば，伝達の手立てを変えるきっかけとしたいものです．

(3) 部門責任者がリーダーシップを発揮するには

部門責任者も自己の領域内でのリーダーシップが必須です．責任を果たし，リーダーシップを発揮するのに必要な，権限が明確になっていて，経営者による後ろ盾があることを，監査を通じて調査します．

(4) 経営者に情報がタイムリーに届くか

"説明責任"の英原語"accountability"は"決定や行動に責任があり，質問を受けた際に説明できる"ことが趣旨です．実務者が"経営者に必要な情報である"と気づく力量をもち，情報が経営者にタイムリーに伝わる手段が確立していることを調査します．

4.5 'A.10 リスク及び機会の監査'

＜機会と不確かさの影響＞

"及び"の前後は同列なので順序入れ替え可能．リスクの定義"不確かさの影響"を挿入すると＜副題＞のようになります．リスク偏重にならないよう注意．

第4章　ISO 19011の附属書Aをもとに，実技面を考える

（1）　品質と環境では，出発点が異なることが多い

リスク及び機会への取組みを考える際の出発点は，品質は新事業の展開など"機会の追求"が，環境は"成し遂げたい環境事項の決定"が多いようです．

（2）　取組み結果の有効性からさかのぼって調査

品質・環境ともに新設備の導入は，機会の追求と不確かさの影響(リスク)を伴います．これを監査する場合，計画から調査し始めると時間を要します．①うまく導入できたか，②途中段階で見込み違いは生じたか，③計画段階の設定はどうだったかの順で調査すると，相手は答えやすく，円滑に進みます．また，④得た知見をどう活かすかも調べたいですね．

（3）　自然体での取組みが意外に多い

ビジネスの話題は，顧客側での環境影響の低減や業務効率の向上に結び付くものが多いです．機会やリスクと言わずに自然体で取り組んでいる姿を監査で見いだし，ルールの改善につなげたいものです．

（4）　建設的で戦略的な取組みに

品質では不具合や苦情が，環境でも悪影響などが話題の中心になりがちです．建設的な取組みでは，戦略的に"リスクをとる"こともあります．"事業プロセスへの統合"も含めて，監査で話題に挙げます．

4.6 'A.11 ライフサイクル'

＜製品やサービスの原材料から最終処分まで＞

ライフサイクルは ISO 14001 の要求事項です．揺りかごから墓場までの総合的な環境活動で，なかなか実践が難しいものだけに，監査も工夫が必要です．

第4章　ISO 19011の附属書Aをもとに,実技面を考える

(1) 組織が影響を及ぼせる環境側面

組織内で行う環境への取組みには限界があります．ライフサイクルは"組織が影響を及ぼせる環境側面"の一つであり，組織の本気度が試されます．

(2) 原材料はどこで生まれ,どこからやってくる？

原材料の採掘・精製に伴う有害・有益な環境影響,運搬の距離・方式による環境影響などは考慮事項となり得ます．仕入先に管理を要求するものもあれば,原材料などの選定段階で考慮するものもあります．考慮対象としているか,許容範囲内かを調査します．

(3) 消費者や使用者に動いてもらうには？

外部への提供後の考慮事項の多くは,開発段階で,製品の内容・構成などを決める際に織り込みます．

使用時の留意事項や使用後の処分のいくつかは,消費者や使用者の行動に依存します．実際に動いてもらうための働きかけが十分かを調査します．

(4) 自組織はどこまで取り組むか？

"ライフサイクルにどこまで取り組むか"の観点は,環境方針で示します．ISO 14001の"5.2 環境方針"のc)"環境保護に対するコミットメント"が相当し,現在の取組みが,組織の環境方針に合致しているか,継続可能な体制かを調査するのが現実的です．

4.7 'A.12 サプライチェーンの監査'

<購買先・外部委託先や顧客などとの関係>

サプライチェーン…組織に, 購買先・外部委託先と顧客を結び付ける連鎖. 組織に直結するそれぞれの立場が一致して取り組む品質・環境への取組みです.

第 4 章　ISO 19011 の附属書 A をもとに，実技面を考える

(1)　購買先・外部委託先とのタッグマッチ

　組織が提供する製品やサービスの一翼を購買先と外部委託先が担います．品質・環境上の技術や手法の共同開発・相互供与・合同推進，外部提供者への管理の方式及び程度の設定や実践などがあります．確実性を増し，成果を増していることを確かめます．

(2)　顧客を通じて実現できるもの

　品質・環境への取組みには，顧客の活動に役立つものも，顧客経由で世間に貢献するものもあります．代理店・納入先・消費者など，顧客チェーンの満足を得てビジネスを発展させ，顧客側の環境を改善して貢献度を増すなど，取組みの積極性を確かめます．

(3)　行政・大学・業界などとの連携

　行政・大学・業界などと連携した取組みは，めぐりめぐってサプライチェーンとつながります．戦略的な取組みが実を結ぶと何が実現するかを確かめます．

(4)　相手が動くのは，相手がメリットを感じるから

　顧客から選ばれるのは，製品やサービスの魅力や技術力，環境への貢献などが認められているから．購買先や外部委託先が動くのは，経済面などメリットを感じるから．Win-Win の関係を描写・提示する能力と，それを支える組織の知識を確かめます．

4.8 'A.16 仮想活動及び場所の, 監査'

＜時代の最先端を対象とする監査＞

離れた場所でコンピュータとネットワークを使って連携しながら推進する業務形態が増えてきました．対面監査できないので，いろいろと工夫が必要です．

第4章　ISO 19011の附属書Aをもとに，実技面を考える

(1) コンピュータネットワークを通じて行う業務
　在宅勤務やネットワーク上で協力しながら進める業務形態には，物理的な場所の制約がありません．これらは仮想活動と言い，仮想的な場所と言います．実施するのは人なので，その人を対象に監査します．

(2) 離れた場所を映し出して監査する
　テレビ会議システムや映像通話アプリを日常的に使う時代．もちろん監査でも使用可能です．ビデオカメラやウェアラブル端末で映してもらう方法も，監査で活用可能です（遠隔監査と言います）．大半の仮想監査でも，この方法を用います．

(3) 仮想監査を行うには知識と技能が必要
　監査対象の知識と技能は，仮想監査でも必要です．仕組みの説明を受けて理解し，具体的に監査します．自分で操作できるもの以外は，専門家に操作を委ねます．慣れないと，意外に監査に時間を要します．

(4) 仮想活動を通じて得た"組織の知識"
　仮想的といっても，実際に人が活動しているので，"自分がここで活動するならば"とイメージします．離れた場所だから気づくことや，不便さを克服する工夫もあります．こうした"組織の知識"を，監査を通じて発掘・蓄積していきたいものです．

4.9 'A.17 インタビューの実施'

＜人との交流の中で掘り下げる＞

監査員が話している間は，何も情報を得られません．相手が話しやすい雰囲気づくり．テクニックも必要だけど，最後の決め手は人柄でしょうか．

第4章　ISO 19011の附属書Aをもとに，実技面を考える

(1) 文書類と記録から得られるのは過去の情報のみ

監査は，過去・現在・将来が大丈夫であることを目撃する活動．文書類と記録は過去しか語りません．観察とインタビューで，現在と将来を見極めます．

(2) 決めた背景や認識は尋ねないとわからない

観察することで，ルールの浸透状況がわかります．インタビューすることで，設定したルールの背景や合理性がわかり，当事者の認識の状況がわかると，現在も将来も安心であることが判明します．また，何に改善が必要かということも明らかになります．

(3) 話してもらううちに気づいてもらう

インタビューは，質問攻めでなく，話合いの場．監査対象者は当該活動の当事者なので，さまざまなことを普段から感じて考えています．会話を続けるうちに，互いにいろいろと気づいて発展します．こうした出来事が，監査員の大きな喜びですね．

(4) "マネジメント"のシステムだから

監査で使うチェックリストは，あくまでも話題のきっかけです．インタビューで互いに自由に語る．打ち解けた雰囲気が道を開きます．組織は，そしてマネジメントは，人の集まりなのだから．

4.10 'A.18 監査所見'(適合の確認が本質)

<適合に至るメカニズムの解きほぐし>

監査は, "なぜ仕事がうまくいくか, なぜ続けられるか"に関する, 合理的なメカニズムの裏づけを伴う, 積極的な適合を探し出すこと.

第4章　ISO 19011の附属書Aをもとに，実技面を考える

(1) なぜうまくいくか…その必然性

　仕事がうまく進むよう，誰しも苦心しています．監査員は，そのメカニズムを解きほぐして，それが理に適っていることを確認します．さらに，他の活動とうまく乗り継ぐことも確認します．

(2) "うまくいく"が続くのは？

　一瞬だけならうまくいくかもしれません．しかし，それを続けられなければ困ります．特定の人だけでなく，別の人が実行してもうまくいくようにする，そんな秘訣が備わっていることも確認します．

(3) "うまくいく"から得た知見の活用

　ルールの決定に至った背景や根拠データは，固有技術やノウハウであり，"組織の知識"となります．また，決定までの道筋で得たさまざまな発見や情報なども，将来に役立ちます．これらを使える状態で次の世代に残していることを確認します．

(4) "必要なコマがそろわない状態"が不適合

　ここまでに述べたことができていたなら積極的な適合で，必要なコマがそろわない状態が不適合です．この種の不適合は"現実が正しく，ルールが誤っている"というケースが意外に多いです．"ルールそのものを疑う"という観点も，監査には必要です．

第5章
ISO 内部監査に臨む姿勢

PDCA の基本は"作戦立て". 内部監査でも, どう進めるか, どう接するかがポイントです. 内部監査に臨む姿勢によって, その後の結果は大きく変化するでしょう.

5.1 内部監査を実施する順序と時間配分

<誰が見るか,どこから見るか>

内部監査の対象は"組織"です.最初の作戦立ては"いつ,誰が,どこを".システムに鋭くメスを入れ,最大の効果が上がるようにします.

第5章　ISO内部監査に臨む姿勢

(1) 業務には本流と支流がある

マネジメントシステムは，支流が集まって本流を形成します．今度の内部監査の旅では，どの流れを訪ねましょうか．時には，上流間の連結や，下流から上流への突然のジャンプもあるので，ご用心．

(2) 組織は複数の部門から成っている

組織は，部門同士が協力・連携して成り立っています．部門間の業務の関連性を確認しながら，組織全体が一貫して見られるように，内部監査の順番と監査員の担当区分を決めます．

(3) 対象部門ごとに異なる役割と運用状況

部門ごとの担当範囲は大きく異なり，しかも，順調な部門とそうでない部門があるものです．内部監査に要する時間も，部門ごとにおのずと異なります．

(4) 品質と環境の監査のタイミング

品質と環境の内部監査を，同時に行うのがよいか別がよいかは，諸説に分かれます．とはいえ，品質・環境の両方に関わる仕事もあり，結局，働く人は同じということも多いでしょう．専門性の不足は，チームを組んで乗り越えることもできます．品質と環境のマネジメントシステムを緊密なものとするために，内部監査員同士も緊密な関係を築きましょう．

5.2 ルールの内容を把握する

＜十分な予習なくして良質な内部監査はない＞

内部監査は，本質的内容やシステムを見るのが目的．よほど準備をしておかないと，組織の根幹にまで及ぶ問題点を見いだすレベルには至りません．

第5章　ISO 内部監査に臨む姿勢

(1) 相手の方が詳しい

監査対象の活動には，当然，監査の対象部門の人の方が精通しています．別の角度から光を当てるつもりで，十分に予習しておく必要があるでしょう．

(2) ルールはどこを見ればわかるか

自分が新規配属になったつもりで，探しましょう．すぐに見つかれば実際の仕事でも使えます．そうでなければ，きっと"単にそろえた"だけなのでしょう．また，文書が用途や使用者心理に合うかなど"文書の使い方"も見えてきて，将来の改善に役立ちます．

(3) ルールの何を見るか

ここでは"責任・権限，目的・理由，実施事項・管理方法・判定基準，次工程の実施事項・関連性・連携先"など，"うまくいくための押えどころ"を具体的に調べていきます．そして，実施内容が"本質的か，形式的でないか，実施者に見合っているか"なども併せて調べておきます．

(4) 文書化していないルールもある

ルールはすべて文書化されているとは限りません．そういったルールの内容は実地調査の段階で明らかにしますが，"なぜ文書化しなくても問題がないか"を，あらかじめ検討しておきましょう．

5.3　調査する内容と順序

<チェック項目の設定次第で成果は変わる>

①どんな活動が存在しているかを知り，②その活動で何が重要かを理解し，③監査の進め方の作戦を立てる場面です．勝負はここからです．

第5章　ISO内部監査に臨む姿勢

(1) 業務の流れを押さえる

業務には流れがあります．内部監査で"業務をプロセスとして捉える"こと，そして"全体をめぐる大きな流れを押さえて，システム的な見方をもつ"ことを，チェック項目の設定段階から意識します．

(2) 情報や製品などの入りと出を調べる

物事には始まりと終わりがあります．つまり，"情報や製品などの入りと出"と読み替えられます．特に"プロセス間や部門間の乗継ぎ"で問題が発生しやすいので，念入りに調べておきます．

(3) どうあるとよいかを把握する

4.2で調べたルールをもとに"何を引き金に，何を行うのか"を把握してチェック項目に盛り込みます．

管理職がマネジメント面から判断する業務では，"考え方の方向性は示すが，具体的手法は示さない"形態もあります．内部監査員は，このような形態もあるということを，肝に銘じておきましょう．

(4) 実地調査する順番を考える

チェック項目はそろってきました．何を切り口に，どのように順序立てて調査しましょうか．活動の実施順でいくか，流れの中央から四方に広げていくか．ここのシナリオで，実地調査の順番が決まります．

5.4 実地調査の進め方

<実地では行うことが多くて大忙し>

いよいよ内部監査の本番．実地調査では行うことが目白押し．有効な成果を得るには，実地調査をどう進めるかが，工夫のしどころです．

第5章　ISO内部監査に臨む姿勢

(1) イモヅル調査が基本

個別活動が連携して,大きな流れを成しています.したがって実地では,何かを取っかかりに,関連内容を順次調査する形態(イモヅル調査)が多く見られます.必要ならば他の監査チームと連携して.

(2) 文書や記録は重要だが,実施はさらに重要

活動結果を文書や記録に残すことになっていると,文書や記録の調査だけに終始してしまいがちです.これらも大切ですが,実施の有無や実施内容は重要度が高く,"実施できる仕組みや体制か"は,さらに重要です.さあ,もう一歩踏み込みましょう.

(3) 活動を行っている場所を必ず訪ねる

内部監査では,文書や記録から調べ始めることが多いようですが,文書と記録からは,実態が見えません.まずは,活動を行っている場所に赴いて,自分の目で見て,肌で感じて,初めて気づくことも多いものです.現場訪問から始めるのは鉄則です.

(4) 根本事項はどこにある？

システム的な問題点にまで到達した報告ができると,本当に有効な是正処置につながります.ルールと活動の本質との差異,以前の是正処置の定着状況など,根本事項に近づくことを常に心がけましょう.

5.5 実地調査での見方

<システム的な見方が基本>

"マネジメント単発"でなく"マネジメントシステム"が内部監査の対象．個々の部分の調査から，連携と必然性を見いだしていきます．

第5章 ISO内部監査に臨む姿勢

(1) どうなっていますか？

まずは，内部監査の対象者に，現状を尋ねてみましょう．そして，感性を豊かにもって，目に入ってくるもの，感じられるものを見極めましょう．

(2) 秘訣は何ですか？

"仕事や活動がうまくいくのは，必ずどこかに秘訣がある"から．また"ルールを文書化しなくてもうまく実施できる秘訣"などもあり得る．マネジメントシステムの推進力は，これらの"秘訣"であり，それが活きていることを確認することも大切です．

(3) 仕組みを教えてください

"秘訣"は個人の工夫やワザから始まることも多いですが，組織として適切に運用するためには，これらを"仕組み"に組み入れる必要があります．論理的根拠や継続性，そして他の活動や他部門との連携など，一連の活動中の整合性を確認します．

(4) 見せてください

"百聞は一見にしかず"です．それまでに聞いたこと，そこから推察したことが正しいかどうかを，自分の目で確かめましょう．話を聞いて，ルールや概念を理解した段階では素晴らしそうなものが，現実には，夢のまた夢ということもあったりします．

5.6 "聴き上手"が基本

＜聴くときには人柄が出る＞

内部監査は，監査対象者との共同作業．相手が心を開いてくれて，初めて本質に迫れます．自説をベラベラ披露するだけでは，耳を貸してくれません．

第5章　ISO内部監査に臨む姿勢

(1) 聴くことは話すことよりも難しい

話を始めたら止まらない人がいます．そんな人にとって"聴く"のはもっと難しいことでしょう．内部監査には，気持ちを切り替えて臨みましょう．

(2) ついしゃべりたくさせる話術

人はたいてい，自分の仕事や活動に自信をもっています．工夫も続けています．本気で聴いてくれる人を待っています．そんな気持ちを引き出すのも，内部監査員の役割．時には"誘い水"やユーモアも交えて，しゃべりやすい雰囲気を醸し出します．

(3) 相手にも立場がある

とはいえ，しゃべったことを逆手に取られるのを相手は警戒しています．何を調べたいのかを明快に伝えて，安心してもらいましょう．人を陥れるのは言語道断．追い詰めすぎるのも御法度．コラコラ，不適合を発見して小躍りしないように．

(4) いっしょに考えましょう

"いっしょに良くしようという気持ち"が大切．内部監査員は刺客ではありません．改善協力者だと認められれば，相手もポジティブ思考になります．問題が発見されたその場で"何が本質か"をともに考えるのも一法．相手がその答えに気づくでしょう．

5.7　内部監査の姿勢

＜こんな内部監査員には協力したくない！＞

内部監査の特色は，"同一組織の者による調査"であること．内部監査の対象者も人の子です．内部監査員の気持ち一つで，成否は大きく異なります．

こんな内部監査員はイヤだ

第5章 ISO内部監査に臨む姿勢

(1) あいつが良くない！

問題が見つかると"誰が悪いのか"という思考を始める人がときどきいます．内部監査の対象は，あくまでもシステム．悪者探しに終始すると，システム面での工夫は，おぼつかなくなります．

(2) 常に"なぜ"を心に描いて

本質に迫っていくときのキーワードは，"なぜ"．これが"人"ではなく"システム"への脱出口となります．有効な対策への突破口となる"なぜ"の気持ちを，いつも忘れないでいたいものです．

(3) 冷静と冷酷は異なる

同じことを言っても，言い方一つで建設的にも批判的にもなります．血も涙もない言い方では，対応意欲を失います．ましてや"オレは監査員で偉い"などという雰囲気は，ご免こうむりたいものです．

(4) 本質に迫ると感心される

"重箱の隅をつついた不適合"を数多くもらうと，相手は…そう，"うんざり"します．逆に，これまで気づかなかった切り口で，取り組む意義のある課題が示されると，内部監査の良さを感じます．

結局，内部監査での姿勢も普段の仕事と同じで，人と人との接し方が基本ということでしょう．

5.8 内部監査結果の報告

＜後から役立ててもらうために＞

その場では伝えたはずが，実は何も伝わっていない．
口頭での補足部分が，たいてい，こうなります．重要事項を文書で伝え切ることが，報告での鉄則です．

第5章　ISO内部監査に臨む姿勢

(1) 理解力と表現力を身に付けよう

適合・不適合の理由や背景が明快で，文章として成立していることが，最低限の条件です．自分で理解できなければ，うまく伝わるはずがありません．普段から新聞や本を読み，書き方を工夫することが，達成の秘訣です．

(2) 報告事項は"悪いこと"だけ？

内部監査報告書には悪いことしか書いてないというケースが多く見受けられます．果たして本当にそうだったのでしょうか．かといって"心に響かない褒め言葉"は唐突なだけ．やはり最後はハートです．

(3) その気にさせる報告書

なるほど，本質をズバリ突いてありますね．これに対応すれば，ウチはずいぶん良くなりますね．

こんな雰囲気になれば，取組み意欲が増進します．"その気にさせる"のも，報告書の妙味です．

(4) その後の活動に役立つよう明快に

結局は，"なぜ"が明快に伝わって，"なるほど"と思ってもらえるようにすることが，基本です．

現在の状況，その背景，将来の見通しなどが判明すれば，対応の方向性も決まり，対応後の確認にも役立ちます．どの段階でも，内部監査の基本は同じ．

5.9 是正処置とレビュー

＜内部監査対象者にはここからが本番＞

問題が見いだされたら対策を講じる．手を打ってみてその効果を測る．内部監査は対象者との共同作業．ここまでうまくいけば，ようやく監査完了です．

問題が見いだされたら対策を！

第5章 ISO内部監査に臨む姿勢

(1) なぜ問題が生じたか

"十分に気を付けたのに""きちんと言い含めたのに""開始時によく考えたのに".言い訳だけでは何も変わりません.まずは原因究明.問題が生じるには,必ず因果関係があります."どこを断ち切れば再発しないか",原因を調べていきます.

(2) 是正処置をタイムリーに進めるには

断ち切る場所がわかれば,再発防止策の始まり."以後気を付ける"と"文書に書く"で解決できるのは,ごくわずか.原因と対策のバランスが大切です.

問題が再発して困るのは,結局は対象者たち.この意識がタイムリーに是正処置を進める秘訣です.

(3) 浸透・定着を図るために

単に"理解"するだけでなく,普段の仕事に組み込んで"体で覚える"ことが大切.浸透・定着には時間が掛かります.その間だけは,気を緩めないで.

(4) うまくいっただろうか

この対策で良かったのだろうか.同じ問題に遭遇すれば効果は判明しますが,それはまれなケース.日常活動の状況から,良否を判断するのが大半です.

対策に気を配っても,時間とともに注意レベルは下がるもの.浸透・定着は,時間をおいて確認を.

5.10 内部監査員は多くのことを考える

<内部監査員も従業員>

内部監査は組織内で行うもの．それを支えるのは，結局は"愛社精神"であり，人と人との関係．いろいろと，頭をめぐらす必要がありそうです．

第5章　ISO内部監査に臨む姿勢

（1）　働く人の心理を考える

内部監査員も従業員，監査対象者も従業員．みな同じ目的のために働いている仲間です．"自分が逆の立場ならば"を，内部監査員は常に考えましょう．

（2）　ビジネスの本質を考える

環境は任意性の高い活動です．環境に対する"高潔な気持ち"だけでは，長続きしません．自組織のビジネスの本質と結び付けて捉えることが，結局は組織に役立つマネジメントシステムにつながります．

（3）　技術の基本原理と応用法を考える

本質を見るにも，抜本的に捉えるにも，技術の基本原理がポイント．そんな切り口が，組織のもてる力の発展に結び付けば，良い成果につながります．内部監査員は，ここまで考えましょう．

（4）　組織の将来を考える

すぐに気が付くのは，目の前に現れていることや直近のことばかり．でも本当は，もっと先々を意識して，そこから現状を見たいものです．内部監査が充実して活きたものとなるかどうかは，先々を見通した視野をもてるかどうかにかかっています．内部監査はゲームではありません．組織の活力をみなぎらせるか,意欲をそぐかは,視野の持ち方次第です．

第6章
個々の場面で何を見るか

どの場面で何を見たらよいのだろう．組織内の各部門について，ISO内部監査を芝居に例えながら，"活き活き"に結び付く，普段と異なるISO内部監査の見どころを，いくつか紹介します．

6.1　営業・販売部門

＜組織けん引の主体＞

芝居で言えば，企画・配給．顧客ニーズと世間の動向を捉えて，組織発展の先頭を走る部門です．情報の入手・活用と，顧客への接し方がポイントです．

第6章　個々の場面で何を見るか

(1) 常に顧客に間近に接している

営業・販売部門は,最も顧客に近い部門です.顧客のハートを射止めるのも大切な役割ですから,本音の顧客ニーズを得る機会も一番多いでしょう.

(2) 組織を引っ張る情報の宝庫

こんな情報の宝庫の部門が,組織をけん引しています."そんなに持ち上げないで"と謙遜せず,自覚してもらう.内部監査では,この視点から調査します.

(3) "顧客満足"に役立てるためにデータ活用を

顧客満足と顧客ニーズの大半は,営業・販売部門が肌で感じて,つかんでいます.得た情報は,活用できていますか?　入手する情報の内容と収集方法は,活用面に見合っていますか?　生データのまま眠っていませんか?　これらを調査しましょう.

(4) 顧客を介した"有益な影響"の環境貢献

環境貢献製品を顧客に販売する,新たな環境技術ニーズを掘り起こす,顧客の環境活動に関わるなど,外部を巻き込んだ環境貢献は,環境上も有益で,ビジネス面でも有益になります.また,顧客など,外部の目から,私たちの組織にどのような環境貢献が期待されているかの情報は,主に営業・販売部門からもたらされます.調査してみましょう.

6.2 設計・開発部門

<製品の内容を方向づける立場>

品質と環境の原作者が設計・開発.アイデアまでは監査できませんが,取組み姿勢と各種確認,将来に向けた監査結果の活用形態の模索は,重要です.

第6章　個々の場面で何を見るか

(1)　製品の具体的内容は設計・開発で決まる

原作者がどこまで考え,どのように確認するかは,製品づくりの原点です.その情報は,企画・配給などからもたらされ,技術面から付加されます.設計・開発の進め方についての要求事項は,規格にはありません.内部監査で,"設計をどう進めることにしたか"の適切性を確認しましょう.

(2)　環境貢献の決定打は設計・開発から

環境活動には,購買・生産以降の段階でも取り組みますが,設計・開発段階における指定次第で大きく変わります.つまり,どのような環境貢献をどこまで描こうとしているかも,内部監査のポイントです.

(3)　環境技術開発も将来のビジネスのタネ

環境技術の多くは設計・開発部門で確立されます.いまや環境技術は売れる時代.環境技術は,新たな顧客との出会いをも誘発します.新技術が組織外にも広がれば,環境貢献は,限りなく大きくなります.

(4)　安心を提供する設計・開発経過・結果の確認

設計・開発段階の経過・結果の確認(レビュー,検証,妥当性確認)は,内部監査での最大の調査事項.統計的手法での確認もあり得ます.それらが適切であるならば,顧客や地域に,堂々と胸を張れます.

6.3 生産技術部門・施工技術部門

＜生産・施工段階の動きを決定づける＞

脚本は，ここで書いています．脚本が良いと，活き活きと芝居ができます．原作を活かして役者の個性を引き立てるために，何を行っているのでしょう．

第6章　個々の場面で何を見るか

(1) 規格要求事項からは読み取りづらい立場

　これらの活動は, ISO 9001 では"8.1 運用の計画及び管理"が該当します. また ISO 14001 では"6.1.4 取組みの計画策定"と"6.2.2 環境目標を達成するための取組みの計画策定"が該当します.

(2) 日常活動がここで決まる

　よく"マネジメントシステムで大切なのは決めたとおり行うこと"と言われますが, "決める"はもっと大切. この部門は"決める"の中心です. ということは, 決め方の調査が, ここでの監査のポイント.

(3) 生産・施工の抜本的改変は何から始まるか

　生産・施工方法を決めるのは, ①新製品の製造時, ②生産方法の大幅変更時, ③問題が生じた場合などです. そのような場合に, (1)で記した規格の箇条と現実とが合致しているかを, 内部監査します.

(4) 脚本のつじつまが合っているか

　生産・施工方法や管理・確認方法, 使用設備などを検討・指定した後に, 全体がうまく噛み合っていることを, 部門内でどう確認しているのでしょうか.
　また, 脚本には抜本的な環境活動も組み入れますが, 環境対応の方法を, 忘れず確認しているでしょうか. 内部監査でしっかり調査しましょう.

6.4 生産管理部門・購買部門

<日々の動きの旗振り役>

演出家の指示が良いと,役者は大いに映えます.脚本家との打合せと,役者への指導・目配りの秘訣を知っておけば,安心です.

第6章　個々の場面で何を見るか

(1) 生産・施工・出荷の情報ターミナル

内容・数量・日程など，その場その場の具体的な指示と予定変更の情報は，ここから発信されます．そのためには，必要情報がタイムリーに流れることが不可欠．そんな切り口が内部監査に求められます．

(2) 納期も品質のうち

購買品の納期を指定する，生産時期を指示する，納期を顧客に約束する．指定日までに完納するのはプロとして当然のことです．納期に関わる情報を組織内に間違いなく流しているか，調査しましょう．

(3) 購買先の評価は形式的でないか

なぜ規格に"外部提供者の評価"があるのだろうか．疑問に思っても，規格の要求事項だからと観念して，意味のない記録を作っていませんか．評価や条件づけなしで購買先を選ぶことはないでしょうが，記録は形式的になりがちです．本音はどこに？

(4) 環境上の効果を外部に波及させることもできる

環境貢献策の中には，購買先の協力が必要なものもあります（当然，品質面でも協力は必要です）．どの購買先に，何の協力を求めていますか？　協力の程度は十分ですか？　環境のことながら，"購買情報"と"外部提供者の評価"が顔を覗かせます．

6.5 製造部門・出荷部門

＜実務活動の主幹者＞

いよいよ役者の皆さんの登場です．平常心と，いざというときの踏ん張りで，舞台に花を咲かせます．そのためには，水面下での水かきが，とても大切．

第6章　個々の場面で何を見るか

(1) 仕事がうまくいくメカニズムを知る

製造工程はなぜ安定運用できるのでしょうか．自動化，標準化，要員の技能確保，都度指示などの要素をうまく組み合わせて確実化を図っているからでしょう．予防保全や予知保全もあるかもしれません．

(2) 決めたとおり着実に実施するには

決めたことを着実に実施することは，製造部門・出荷部門の運用の柱です．実施者は，決め事を，どのように習得するのでしょうか．文書？　訓練？　それとも？　徒弟制度色が強い職場では，師匠が弟子の習得状況を見極める形態かもしれません．

(3) 仕事と環境を工夫しやすい立場

工夫の原点は，現場にあります．製品改良，不良発生防止，作業効率，環境上の検討事項など，製造部門・出荷部門だからこそ気づけることが，多数あります．それらを他部門が活かしているかも調べましょう．

(4) 廃棄物と環境関連装置にも目を配る

廃棄物の処理委託では"マニフェスト（産業廃棄物管理票）"だけでなく，廃棄物の置き方なども調査します．排水・排ガス処理では，装置の管理方法や環境測定結果の傾向も調べます．特に放出基準値を超えそうな兆候を，どうキャッチするかは重要です．

6.6 施工部門・施工管理部門

＜施工現場は臨時の事業拠点＞

芝居に，地方巡業はつきもの．ホームグラウンドと異なるからといって，お客さまは許してくれません．勝手が違う中でも成功できるかを確認しましょう．

第6章　個々の場面で何を見るか

(1)　毎回異なる現場の編成・体制
　施工現場は，その都度，編成・体制が異なります．現場代理人を筆頭に，社内の担当要員や協力会社で編成され，社内に残る設計・購買等の要員とともに対応します．つまり，毎回がプロジェクト形態．現場ごとに，管理・監督体制を，臨時に設定します．

(2)　現場が異なれば品質・環境の対応も異なる
　現場条件が異なれば，品質・環境上の要求内容も異なります．そこで，達成策である"施工計画"の想定が十分か，関係者理解が適切かを，調査します．伝達に不可欠であれば，文書化も必要です．

(3)　直営でない施工管理の監査ポイントは
　すべての施工を直営で行うとは限りません．専門内容を外部委託する場合には，事前の打合せと現場での管理・監督も必要です．組織も顧客も安心できる方策を講じているかが，監査でのポイントです．

(4)　後片づけも環境活動
　現場での環境活動は，一般に資材と工法の指定・実施と，施工中・施工後の片づけが大きな柱です．
　忙しくなるにつれて，環境面への対応意識が低下する傾向があります．監督者・実施者が意識を強くもち，達成できる状況にあるかを調査しましょう．

6.7 サービス提供部門

<各人の動きで評価が決まる>

サービス業は，全員が"独り芝居"の役者．周囲のサポートを得ながらも，ひとたび幕が上がれば舞台上には自分だけ．すべて独りで演じ切ります．

舞台上で活躍する役者の練習の積み上げはもちろん，裏方役を担う人々の動きもマネジメントシステムの一環です

サービス業は全員が独り芝居の役者

第6章　個々の場面で何を見るか

(1)　サービス業にもいろいろある

機器の修理・設置業，設計業・検査業などの技術業務もサービス業，ホテルやブティック，弁護士・税理士もサービス業，行政も広義のサービス業です．いずれも人が中心の仕事で，成果がなかなか目には見えません．これがサービス業の特色です．

(2)　人が介在すればマネジメントシステム

人が2人いれば組織であり，人が確実に動くにはマネジメントシステムを用いるのが有効です．それだけに，サービス業は，製造業・建設業など以上に，マネジメントシステムの典型例であると言えます．

(3)　サービス活動は終わってからでは確認しづらい

サービス活動がうまくいくのは，"実施者の技量と意識水準の確保"と"実施中に状況確認して必要な手を打つ"の組合せというケースが多いようです．監査のポイントは，"これらが，なぜうまくいっているか"，その秘訣を中心に調査することです．

(4)　"管理職が何を見ているか"を内部監査する

サービス提供部門の管理職も手をこまねいている訳ではありません．管理職は各人の行動と顧客の様子を常に見ています．内部監査員は，この観点の適否と実施状況を調査します．

6.8 検査部門・品質保証部門

<"できて当たり前"の陽の当たらない立場>

役者の成果を見る"検証・評価部隊"は、順調だと陽が当たりません．順調にするために打った手と、順調でないときに打った手を、監査で見極めます．

第6章　個々の場面で何を見るか

(1) 確認方法と結論の出し方を見る

検査部門は製品やサービスの適否を確認し，品質保証部門は体制やシステム，成果の適否を確認して，結論を出します．確認の内容・実施者・判定方法・基準・頻度は，製品やサービスの提供開始時に設定します．監査では，方法論や結論づけを確認します．

(2) 適切な測定精度と判定基準が確保できているか

検査・試験・測定・分析用の機器は，必要精度の確保が必須です．検査等に求められる精度に見合うために，どのように管理・判定しているかが，監査での見どころです．必要以上に高精度を設定すると，費用を要するだけなので，それらの排除も大切です．

(3) 分析と提案が監査の決め手

体制面やシステム面での有効性は，設定と結果のバランスから判断します．各種データを取って集計するだけでなく，分析して"今後どうするか"の提案が大切です．内部監査員のウデの見せどころです．

(4) 環境保証部門とは？

環境活動の現状を把握・分析して，軌道修正する．いわばこれが"環境保証活動"です．品質保証部門があるならば，環境保証部門があるのも自然なこと．誰が担い，その気持ちを保っているか，調査します．

6.9 マネジメントシステム推進事務局

＜単独部門か常設委員会か＞

制作委員会やプロモーション班，推進本部の役割は，誰かが担っています．陰の立て役者に"おんぶにだっこ"になっていませんか．

第6章　個々の場面で何を見るか

(1) 組織内の状況を一番よく知っている

マネジメントシステムの推進には，エネルギーが必要です．推進事務局的な役割を担っている人たち（常設委員会などを含む）が，組織内の状況を一番よく知っています．

(2) "それを行うのはあなた方です"の徹底具合

"推進事務局を設置しているのだから，私たち従業員は，何も考えなくてよい"と考えている人はいませんか？　いえいえ，本来の推進役は全員です．そんな意識がないかどうかも内部監査で調査します．

(3) その気にさせるエキスパートであるか

品質面や環境面に長けた人がいると，さまざまなアイデアを得られます．それ以上に，各人をその気にさせる役割は，もっと大切です．マネジメントシステムに対する意欲は，減衰しがちです．組織内プロモーションの有効性も，監査での見どころです．

(4) 道を開くも閉じるもこの人たち次第

"推進事務局が活躍していたのは，マネジメントシステム導入初期だけで，後は惰性"ということはありませんか？　システムの状況を一番よく把握しているこの人たちの動き次第で，道は大きく異なります．内部監査は，ある種の刺激剤です．

6.10 経営者・管理責任者

＜すべてはこの人の熱い想いに＞

劇団を引っ張る主宰者にも，拡大指向・安定指向・新作指向・再演指向など，いろいろな人がいます．補佐役との二人三脚で，方向性を探りましょう．

第6章　個々の場面で何を見るか

(1) 熱い想いを持ち続ける

組織を経営しているのが経営者で，その代理人が管理責任者．いずれも組織の将来を気にしていて，組織をぐいぐい引っ張っていく役割です．その熱い想いを実現するのが，マネジメントシステムです．

(2) 経営者の思想を映す鏡

いったんマネジメントシステムの運用が始まると，経営者の手を離れがちですが，マネジメントシステムは，実は"経営者の思想を映す鏡"なのです．経営者の想いを，もっと込めませんか．

(3) システムと成果は世間に胸を張って堂々と

マネジメントシステムとその成果を顧客や地域は気にしています．納得を得られる明快さが大切です．これらは"マネジメントレビュー"にかかっています．内部監査では，インタビューで真意を知るとともに，マネジメントレビューの審議結果と経過をもとに成果が本質的なものであることを調査します．

(4) "管理責任者"が"事務局"になっていないか

"管理責任者"の英語を直訳すると"経営者の代理人"です．しかし，いつの間にか"便利屋さん"にしてしまっていませんか？　本来の力を発揮できる位置づけになっているかを，内部監査で調査します．

第7章
こんな秘策もあり！

いつもいつも同じ内容を同じ切り口で監査すると，マンネリ化してきます．新鮮な息吹きを送り込み，新たな光を当てて，充実化を図りましょう．

7.1 監査を行う人と受ける人

＜関連のある者同士による内部監査＞

組織で仕事するからには，単一部門で完結することは少ないでしょう．関連のある者同士で内部監査すれば，互いの想いをぶつけ合えて一挙両得！

第7章 こんな秘策もあり！

(1) 上流・下流の直接的な関係者同士で

業務・活動の下流側の人が上流側を監査すると，自分に及ぼす影響の源を自分の目で確認できます．逆に上流側の人が下流側を監査すると，自分の成果がどう活かされているかを確認できます．

(2) プロセスの流れと連携を捉えて

営業・販売部門が他部門を監査すると，顧客との合意事項をいかに尊重・活用しているかが見えてきます．類似活動を行っている部門間での監査では，普段の仕事に役立つ知見を得られます．また，関連性の薄い部門であれば，冷静に判断できます．

(3) 専門性と効果を引き出せる人に

特定の技術に長けた人が監査すると，技術面での理解を促し，技術改良に結び付く可能性があります．改善アイデアを相手からうまく引き出せる人が監査すると，対象部門でのシステム改善に役立ちます．

(4) どの監査対象活動にどの内部監査員をあてるか

内部監査の担当者を決める際には，内部監査員の知識や経験，監査対象との業務・活動での関連性，当該内部監査員の面倒見のよさなど，多くの要素を考慮します．そのうえで，今回の内部監査の狙いに見合うかどうかから判断して，最終的に指定します．

7.2　個々の監査で重点テーマを明示する

＜内部監査を通じて新しい刺激を加える＞

内部監査は，新たな刺激を互いに与え合える場です．何を調べて何を学ぶかを，あらかじめ考えておくと効果満点．重点テーマの描き出しが命です．

第7章 こんな秘策もあり！

(1) いつも，まんべんなく監査する

"内部監査は半年に一度．すべての部門のすべての活動を毎回調査します"はもちろん OK．ただ，ワンパターンにならず飽きさせない工夫が必要です．

(2) 今回はここを確認したい

"前回は環境技術中心でした．今回は認識を重点確認します"もあり得ます．もっとも，"毎月実施だがそれぞれ短時間"と"実施は年1回だが長時間で徹底確認"とでは，重点テーマ設定の着眼の方向性や広範さなどが，おのずと異なります．

(3) 重点テーマはシステムの成長とともに変化する

内部監査は，マネジメントシステム導入初期にはシステムの存在・浸透・適合性の確認が主体ですが，システムが十分に成長し，定着するにつれて，重点テーマも，改善のきっかけづくりや，専門事項に対する徹底調査など，将来を見据えた内容に変わっていくものです．

(4) 経営者からの指示も重点テーマの一つ

経営者からの調査依頼(本書 8.2 参照)も重点テーマの一形態です．"重点テーマ"を設けること自体が目的ではありません．得た情報をどう活用するかを十分に想定し，充実したものとしていきましょう．

7.3 要求事項間と部門間の乗継ぎを見る

<単一要素と単一部門では活動は成り立たない>

組織の活動は，多くの要素と部門から成っています．だから"システム"なのです．ならば内部監査でも，そんな見方が必要ですね．

第7章 こんな秘策もあり！

(1) 規格では"原理・原則"を規定

規格は，多様な業種・組織で使うので，抽象的でわかりにくくなりがちですが，マネジメントシステムを通じた取組みの根本である"原理・原則"だけは，私たちも確実に理解しておきたいところです．

(2) 個々の要求事項の"目的"は何か

規格を見ると"～しなければならない"という表記が目に付いて，これを行うことばかりを気にします．しかし本来は，各文の前半の"～であるようにするために"の要求事項の目的の方が大切です．組織の業務は"要求事項が先にありき"ではなく，要求事項の"目的"に合うことこそが肝心なのです．

(3) 要求事項間の乗継ぎを知っておく

検査で不合格となり，現品を処理し，不適合傾向から真の問題点を検出し，是正処置を講じ，経営者が今後の方向性を見定め，継続的改善に結び付ける．規格の各要求事項は，こんなにつながっています．

(4) 部門間の乗継ぎを見る

規格の要求事項に相互関連があるように，組織内には，業務上の乗継ぎがあります．部門間や担当者間の引継ぎや連携が大切です．落とし穴にはまっていないか，内部監査を通じて見ておきましょう．

7.4 "虚しい"にならないように

<とっておきのチェック項目>

"本音で有効なシステム"でないと、虚しく感じます。そんな切り口で内部監査するのも一法でしょう。納得さえできれば、活き活きと取り組めます。

第 7 章　こんな秘策もあり！

(1) 業務・活動の本質に合っていること

　業務・活動の本質に合わないルールを守るのは，とても苦痛です．そんなマネジメントシステムが，長く続くはずがありません．その間，私たちの心にはすきま風が流れ，虚しさを感じます．

(2) 働く人の気質に合っていること

　人間は感情をもつ動物です．道理に適っていても，具体的な手法が働く人の気質に合わないと，虚しさを感じて，意欲的な取組みにつながりません．マネジメントシステムは，ある種の心理学ですね．

(3) 考え方や捉え方が明快であること

　行う値打ちや理由が知らされて納得できていると，さらに積極的に打ち込めるものです．認識といったものは，教育訓練だけで形成されるものではなく，理解・納得の裏づけがあることが大切です．

(4) 業務・活動がうまくいくには必ず秘訣がある

　"何のために，なぜ行うか，なぜこの方法か"が秘訣の隠れ場所．内部監査では，見いだした秘訣が理に適っていることを確認し，そのメカニズムや思想の次世代への継承方法も確認しましょう．

　秘訣は，案外，決めた本人でも忘れてしまうことがあります．秘訣こそ文書化しておきたいものです．

7.5 内部監査の場を活用した徹底討議

<内部監査を進めるうちに検討テーマが浮かぶ>

内部監査で問題点や良好点が浮かび上がってくると，検討テーマが見えてきます．調査での受け答えから，何が大切かを自分たちで見いだします．

第7章 こんな秘策もあり！

(1) 現行ルールを疑ってみる

マネジメントシステムを長期間運用すると，当初制定した内容が合わなくなっていることがあります．特に"環境側面（環境影響の原因）"では顕著です．内部監査では，現行ルールにとらわれずに，何が大切かを，考え直してみてもよいでしょう．

(2) オーバーランも OK

内部監査をさらに良くするのが明確な目的．話合いが有効ならば，その場で時間を割くのも許されます．内部監査の本質を見失わず，しかも有意義ならば，時には，解決策を内部監査の場でいっしょに検討するような，多少のオーバーランも構いません．

(3) 話合いは頭のトレーニング

人間，独りで考えられることには限度があります．本当に大切なものには，話合いを通じて気づくものです．他人の意見は，自分へのよい刺激．自分自身と組織の業務・活動の向上に結び付けましょう．

(4) 検討したことを忘れないで

その場では"良い検討ができた"と思いながら，一夜明けると大事なことを何も覚えてなくて，自己嫌悪に陥ったことがありませんか？ "鉄を熱いうちに打つ"タイムリーさも大切です．

7.6　実績と作戦との因果関係の確認

＜成功の継続は偶然からは生まれない＞

成功するには，いろいろな作戦が必要です．成果が良くても悪くても，きっとそこに至った必然性があるはず．それが，未来への道を開きます．

第7章 こんな秘策もあり！

(1) 成果が良いとすべてが許される？

成果が良いと，すべてうまくいったと錯覚しますが，もしかすると，今回の成功は偶然かもしれません．"結果オーライ"の発想から，そろそろ決別を．

(2) 熟考なくして継続性なし

何も考えないで良案が出る訳がなく，事前に考えないで成功するはずがなく，手を打たないで継続することはない．個人ではなく組織なのですから．

(3) 作戦が良かったか行動が良かったか

作戦に基づいてある程度行動したら，振り返ってみましょう．"うまく進んでいるのにどうして振り返るの？"と思いがちですが，成功時にこそ，"なぜ"を再度検討しましょう．作戦のどこが良くどこが悪いのか，行動で補っているのか．早めに手を打てば，その追加策の良否も検討・判断できます．

(4) これらの積み上げは組織の財産

組織は，思案・展開・反省・軌道修正の繰り返し．それらの体験と蓄積が，組織の財産ですが，引出しにしまい込んで探し出せなくなった時点で，財産ではなくなります．自分だけの宝物でなく，後輩たちが使える形にしておきましょう．日頃から心がけていないと，いつの間にか行方不明に…．

7.7 外部委託先との合同内部監査

＜運命共同体同士，手を携えて＞

外部委託先は二人三脚のパートナー．緊密な協力と信頼が，ビジネスと活動成果につながります．合同内部監査で，大切なことをぶつけ合いましょう．

第7章 こんな秘策もあり！

(1) 外からだからよく見える
 "自分たちのことは,自分たちが一番よく知っている"は,幻想かもしれません.外にいる人の方がよく気づくこともあります.子供の背は毎日伸びていますが,いつも近くで見ていると案外気づきません.

(2) 同じ気質でないからよくわかる
 同じ気質の人が集まると,強い共鳴から素晴らしい案が生まれたりします.しかし,皆が同じところでつまずくこともあります.同じ気質でない人だと,全く異なる角度から光を当てることも可能です.

(3) 最後は自分たちに降りかかってくる
 外部委託先は,いわば"運命共同体".内部監査で見いだしたことは,両者どちらにとっても有意義です.変なコメントを出したり問題点を見逃したりしたら,結局は,自分たちに降りかかります.そんな関係だからこそ,遠慮しないことが肝心です.

(4) 普段は言えないことも内部監査ならば
 外部委託先とは,互いに納得ずくでビジネスに取り組みたいもの.場合によっては,"内部監査"という大義名分で,普段からの想いも吐き出しては.
 さあ,メリットを目一杯強調して,合同で内部監査を実施して,新たな良好関係に踏み出しましょう.

7.8 とことん追跡調査

<根源はどこに，影響はどこに>

一見単純そうな問題でも，実は根が深かったり影響範囲が広かったりします．内部監査で解き明かしておけば，確実に対応してもらえるでしょう．

第7章 こんな秘策もあり！

(1) 因果はめぐる

製造方法の問題だと思ったら，実は担当要員の育成方法に問題があり，その背景となった原因は，現場での監督方法にあって…．はてさて，この問題の根源はいずこに．

(2) 追いかけて追いかけて

内部監査では，表に出た事象しか報告しないと，表面的なことしか対応してもらえないケースも多いものです．抜本対策を講じてもらうには，最深部まで調査して，そこまで踏み込んだ報告が重要です．本当は，指摘を受けた側が調べてほしいのですが…．

(3) 因果関係は組織内だけにとどまらない

たとえば業務が，"営業→受注→設計→製法確立→購買→製造・検査→出荷"と進むケースでは，段階ごとに担当部門が異なることや，途中工程を外部委託していることもあります．その因果関係は，単一部門どころか組織外に及ぶことすらあり得ます．

(4) 他チームとの連携

関連部門を，複数チームが分担して内部監査する場合には，実施順序の決め方が重要です．そして，①調査の方向性を調整し，②実地監査中の情報伝達方法を，しっかり取り決めておきます．

7.9 指摘の仕方と指摘の内容

<指摘する側も人,受ける側も人>

"内部監査って,人のあら探しだから嫌いだ"という声を耳にします.どちらも人,気持ちよく進めるには,互いの思いやりが必要です.

第7章 こんな秘策もあり！

(1) 上職者への指摘なんてとんでもない？

私はヒラ社員です．部課長・役員への指摘など，とんでもありません．指摘事項に反論でもされようものなら，もう何も考えられなくなります．えっ，事前の詰めが甘いからだって？ そうか，理論武装だけでなく，説明方法も工夫しないといけないなぁ．

(2) 納得できないことに挑戦する人はいない

不適合だろうがなんだろうが，相手が動くのは"納得する"から．上職者が力でねじ伏せようとしても，そうは問屋が卸しません．

(3) 相手を納得させる秘策・工夫を心がけよう

論理的に説明すれば真意が伝わるかというと，必ずしもそうではありません．ましてや内部監査で個人攻撃を仕掛けても，ろくな成果は得られません．

対策や工夫が相手のメリットになるように描くこと，そして何より意欲をかき立てることを考えましょう．

(4) 最後は人と人のハート

日常業務でも，わずかな言い方の違いで，相手が喜んで動いたり，そっぽを向いたり．難しいですね．結局は，気持ちが通じるか否かがすべて．自分を相手の立場に置き換えて考えてみることが大切です．

7.10 次のステップへの継承状況

<"単発"から"システム"へ>

マネジメントシステムはプロセスの集合体だから,随所に乗継ぎがあります.そんなメカニズムを解きほぐすのも内部監査の役割です.

第 7 章 こんな秘策もあり！

(1) 日常活動と非日常活動との接点を知る

マネジメントシステムは，日々の直接活動以外に，問題発生時の処理や是正処置，目標展開など，将来に向けた取組み，教育訓練や文書管理などの前提活動といった要素が絡み合って全体を構成しています．

(2) 物の流れと情報の流れを押さえる

組織内では，物が流れるとともに，情報も流れています．これらは，互いに関連しているので，その必然性を知るのが大切です．特に廃棄物など販売対象でない物の流れも，しっかりと押さえましょう．

(3) 情報の渋滞と袋小路を解きほぐす

情報の流れは目に見えないので，追うのが大変．情報が渋滞したり袋小路に入ったりしているように見えます．しかし，日常情報は，なぜか届いていたりします．組織存続に関わる重要情報の伝達ルートや伝達相手が不明というケースや，"何が重要情報か"が不明確で伝達の要否が確立していないケースもあります．情報の落とし穴は意外に多いものです．

(4) 組織のルールとして存在するのは 2 種のみ

組織でルールを規定できるのは，①現時点で実施していることと，②想定できていることの 2 種だけです．②の拡大の要否も，内部監査で判明します．

第8章
ISO 内部監査の成果を活用する

せっかくの ISO 内部監査の成果も,しまっておいたのでは,もったいない.活かす術は,いくらでもあります.さらに,活用方法をもとに,内部監査の方法も変えましょう.

8.1 内部監査だからこそ得られる情報

＜システム改善の起爆剤＞

外部の人には見えないが，内部だからこそわかる．内部監査に求められるのは，そんな視点です．心が通い合うから，改善の起爆剤に成り得るのです．

第8章 ISO内部監査の成果を活用する

(1) 認証機関の審査員は外部の人間

認証機関の人は,あくまでも外部の人です.しかも,限られた時間内で運営管理の状況を調査するのが,審査の宿命です.しかし,外部の人だからこそ気づくこともあり,これは大きなメリットです.

(2) 内部監査員だからこそもっている予備知識

内部監査員は,通常は組織内の人です.自組織の業務や活動の特質や技術,マネジメントシステムの変遷など,多くの予備知識をもっています.だからこそ,本質的なことに迫れるメリットがあります.

(3) ビジネスに役立つ情報も入る

組織が存在・存続できるのは,ビジネスがうまくいっているからです.内部監査では,業務・活動の状況を見て,資料を確認して,意見を交換していくうちに,多くの情報が行き交います.フランクなやりとりが続くと,おのずとビジネスに役立つ情報も出てくるでしょうが,ちょっとストップ.新製品の打合せは,別の機会にお願いします.

(4) 内部監査の積極活用

こうした"内部監査ならではの情報・効果"を得る機会を設けて積極的な活用に結び付けることが,内部監査の有用性を高めることにつながります.

8.2 経営者からの調査依頼

＜内部監査は経営に有効な情報源＞

内部監査は，経営者が有効な情報を入手する貴重な機会．経営者みずから内部監査を行ってもよいし，何の情報を得たいかを示唆してもよいでしょう．

第8章　ISO内部監査の成果を活用する

(1) これを調べてみてください
　経営者の目線と担当者の目線は，おのずと異なります．内部監査員は経営者以外の人が主体であることが多いので，経営者にとって必要な情報は，指定しないと，なかなか集まりません．

(2) 将来を見通すのに必要な情報がほしい
　組織の中で，将来のことを一番真剣に考えているのが経営者です．将来のビジネス，投資，従業員，顧客，地域…どこまで考えてもキリがありませんが，時間があればいつも考えています．また，それらに必要な情報を渇望しています．

(3) 経営者は従業員の幸せを望んでいる
　経営者と従業員は，組織運営で，タッグを組んでいます．従業員がやる気を出して，組織全体が活気あふれるようにして，幸せに結び付くことを，常に望んでいます．そんな気持ちに，内部監査を通じて協力していきましょう．

(4) 得た情報の活かし方はそれぞれ異なる
　情報には，安心用のものもあれば，すぐに活用するもの，時間をかけて熟成させるもの，蓄積して活きるものなどがあり，用途はそれぞれ異なります．心配ご無用．収集依頼した経営者が必ず活かします．

8.3 組織のポリシーの実現状況

<活きてこそ成り立つ組織のポリシー>

品質方針・環境方針の"方針"の英原語は"policy". そう,組織のポリシーです.組織がどのような方向を目指しているかを表しています.

第8章　ISO内部監査の成果を活用する

(1) 組織のポリシーを，どの程度知っていますか？

品質方針も環境方針も，壁にポスターがあるのは知っているけど，何が書いてあるか思い出せません．その趣旨や背景となると，全く見当が付きません．

(2) 暗記と理解と実践と応用

"品質方針・環境方針を暗記する"という要求事項はありません．しかし"理解する"という要求事項はあります．理解しても，実践・応用していなければ，単なる"お題目"でしかありません．

(3) いざというときに役立つのがポリシー

組織のルールは，現在実施していることと，想定できる範囲のことしか決められません．世の中には，想定外のことも発生し得ます．つまりポリシーは，新たな取組みの決定や，高度な判断を要する場面で，判断のよりどころとして真価を発揮します．つまり"マネジメントの方向性を示す最後の砦"なのです．

(4) 我が組織のポリシーも錆び付いてきたかな

ポリシーの設定時には，徹底的に考えたのですが，ずいぶん時間が経って，時代から取り残されました．抽象的な表現すぎて，意図も趣旨もわかりません．

さあ，内部監査員の出番です．いま"ポリシー"が使える状態か，どう使っているか，徹底調査です．

8.4　本業に役立てる

<マネジメントシステムは何のためか>

品質にしろ環境にしろ，マネジメントシステムは，組織が目指していることを具現化し，実行し続けるようにするために，設けたものでしたよね．

ビジネスあってのマネジメントシステム

第8章 ISO内部監査の成果を活用する

(1) マネジメントシステムは形だけのものでない

なまじマネジメントシステムの見た目が立派だと，それだけで満足してしまいがちです．ましてや学究肌の先任者の魂が乗り移った文章は，一部を直すと全体バランスが崩れそうで,とても触れません．

(2) 本業に役立たないことを続けても

マネジメントシステムは，組織の実践の集大成．学問でも研究論文でもありません．もしも本業から隔たった，役に立たない内容ならば，即アウトです．内部監査の判断には，こんな観点が大切です．

(3) 本業を見据える周囲の視線

組織内外の人たちは，品質でも環境でも，本業に直結する内容となると，めぐりめぐって自分に降りかかってくるので，大いに注目しています．期待に応えて，不安を解消できる内容となっていますか？

(4) ビジネスあってのマネジメントシステム

絵空事をどれだけ重ねても虚しいばかり．ビジネスあってのマネジメントシステムです．しかし，忘れてならないことは，"その地域で仕事をさせていただいていること"と"お客様あっての私たち"という側面．これもビジネス上の重要な考慮点です．内部監査員には，そんなバランス感覚も大切です．

8.5 失敗や問題発生のリスクへの取組み

<大切だが評価の難しいくせ者>

何かを行うと，リスク（不確かさの影響）が付いて回ります．失敗の回避・低減などに取り組める体制を築くのも，マネジメントシステムの役割です．

第8章　ISO内部監査の成果を活用する

(1) 失敗は回避できて当たり前？

ベテランは，どうなると失敗するか，何が前兆か，回避方法など，百も承知です．新たな挑戦のときも，こうした類似事例をもとにかなりの失敗を回避できます．ただし，過去に事例のあるものは．

(2) 失敗回避の証拠は測れない

内部監査で調査していくと，失敗回避活動への認識度や理解度はわかりますが，"放っておいたら発生していた'かもしれない'失敗を，どの程度回避できたか"までは，測る術がありません．

(3) どんなリスクも検討だけはしておく

リスクは不確かさの影響．考え出すと，どんどん広がります．想定が必要か，理論的にあり得ないと捉えた方がよいか，悩みは尽きませんが，検討することは大切です．少なくとも"致命度の高い事象"は，なるべくたくさん想定しておきましょう．

(4) リスクのことを考える場面が明確か

リスク検討の代表例が"著しい環境側面"の決定場面です．品質面の悪影響やビジネス上の困難もあり得ます．どのタイミングで，どんな切り口で，どこまで考えるか．リスク（不確かさの影響）に向き合う姿勢の適否も，内部監査で調べておきましょう．

8.6 従業員育成の場

＜内部監査員は伝道者＞

内部監査では，人に尋ねたり，状況を見せてもらうために説明したり，気づいてもらったりする場が多く，人の育成の場も兼ねていると言えます．

第8章 ISO内部監査の成果を活用する

(1) 内部監査で調べるうちに気づくこと

内部監査に先立ってルールを調べる，実地調査で実情を知る．すると，ルール間で整合していない，ルールの詰めが甘い，つながりが描けていないなど，さまざまなことに気づきます．ほら，マネジメントシステムの改善の題材が見つかりましたね．

(2) あっ，そうなんですか

内部監査を行うと，特定のルール自体の存在や，ルール制定の背景を知らない人が見つかることがあります．これを機にルールの内容と目的を知ってもらいましょう．転入者に対するルールの普及策を，当該部門に考えてもらうことも必要ですね．

(3) 監査を受ける準備と対応で学ぶこと

内部監査の対象者も，準備と対応を通じて，いろいろと気づくことがあるでしょう．気づいたら即メモを取る．こうしないと，たいてい忘れます．貴重な情報を無駄にしないよう協力してもらいましょう．

(4) "認識"形成の場は，どこにでもある

このように，内部監査は，貴重な"気づき"の場面の宝庫です．教育訓練で認識を習得させようとすることが多いですが，実践の場で習得した方が身に付きます．こうなれば伝道者の面目躍如です．

8.7 経営への活用

＜使える場面は何でも使う＞

常に将来のビジネスの芽と，収益向上のきっかけを探し求めている経営者．内部監査は，そんな兆しを見つけ出す"アンテナ"にもなり得ます．

第8章 ISO内部監査の成果を活用する

(1) 内部監査を通じて"物申される"

"経営者に対する内部監査"を敬遠する人がいる一方,楽しみにしているという人も意外といます."こんな場でなければ経営者に直接質問できない"という理由のようです.経営者は,内部監査員の気持ちをくみ,広い心で監査指摘を受け止めましょう.

(2) 次のビジネスの芽を探す場として

経営者は,自分に対する内部監査を通じて,業務・活動上の問題点・懸念点など,多くの情報を得るでしょう.効率化と問題解消による増収策だけでなく,"自社の困りタネの解決策は商売のタネ"をも含めて,次のビジネスの芽を探す場と心得ましょう.

(3) ホットラインの試運転

緊急事態が発生したときに,すみやかに経営者に情報が入らないと困ります.そんなホットラインが有効に機能しているか,発信元が十分に理解しているかなどを,内部監査で試してもらいましょう.

(4) 経営者の交代時にも内部監査が役に立つ

経営者が交代した場合,新しい経営者への啓蒙を兼ねて内部監査を行うことがあります.

逆に,新しい経営者が,状況把握と自分の経営方針の浸透のために内部監査を行うこともあります.

8.8 従業員満足への応用

<組織は人の集合体>

活気溢れる職場には創意工夫がみなぎり,沈滞気味の職場には重い空気が漂います.組織の活力の源は人の心.気持ちの張りを引き出すのも内部監査.

第8章 ISO内部監査の成果を活用する

(1) "次工程のお客様"の顧客満足

"次工程はお客様"ならば,ISO 9001を横目でにらんで,次工程のお客様の"顧客満足"と洒落てみましょう."へー,こんなふうに思っていたんだ"という発見が満載です.でも近すぎてやりづらい?

では,内部監査員が代わりにお調べしましょう.

(2) 連係プレーが組織の基本

組織に連係はつきもの.華やかなプレーでなくてよいから,着実にこなしてね.ありゃ,そこで停滞させちゃったの.またですか,これは後に響くなあ.もうこうなると,あいつらは信用ならない.

(3) 人の"想い"をくみ取ろう

やる気は,すべて人の気持ちが原点です.自分自身,部門内,関連部門の想い,皆そうです.内部監査は,これらを調べる場面ではないですが,いつの間にか"想い"に気づきます.従業員満足の程度を量り,何か手を打つ必要があるかを考えましょう.

(4) 内部監査自体の顧客満足も尋ねてみよう

この際です,内部監査成果と内部監査員に対する"顧客満足"も尋ねてみたいものです."悪かったらどうしよう"と悩む必要はありません.悪ければ,直せばよいだけです.自然体でいきましょう.

8.9 内部監査結果の分析

＜漫然と実施しないでね！＞

ようやく，内部監査が終わりました．これが報告書です．さて"後はヨロシク"でよいのでしょうか．いえ，結果を活かすのは，これからです．

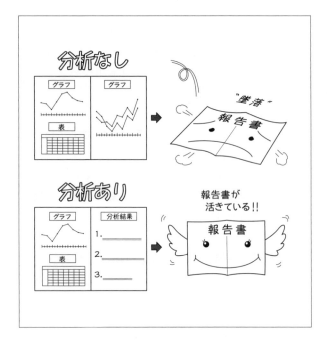

第8章　ISO内部監査の成果を活用する

(1) もう一歩,踏み込んでわかる,組織の長所と短所

内部監査が終わりましたか．それで，我が組織の状況はどうですか？　何が良くて何が悪いのですか？　個別の報告はあるのですが，もう一歩踏み込んで，分析してもらえるとよいですね．

(2) 集計と分析とは異なる

一覧表にまとめたのですね．でもここから何を読み取るのですか？　次はグラフ．ビジュアル的でよいのですが，ここで起きている大きな変化の原因は何ですか？　"分析"をしないと，理解不能です．

(3) 分析は"なぜ"の繰り返し

一覧表やグラフにまとめると，分析したつもりになりますが,あくまでも"集計"でしかありません．

知りたいのは，この結果に至った決定打は何か，うまくいかなかった原因は何か，その背景に流れるものは何かです．すべて"なぜ"から導かれます．

(4) 分析結果をどう活かすかが分かれ道

分析結果は"今後どうするか"につなげ，"次に打つ手は何か"を見いだすためのものです．"何に活かすか"をもとに，どう分析するかを決めます．

もちろん"これまでやってきてよかった"と安心するための結果だってあるものですが．

8.10 内部監査の"役立ち"の度合い

<私たちの成果をぜひ見てください>

"内部監査が大事だ"と言うけれど,本当に役に立っているの? そういえば,どんな効果があったかなんて聞いたことがない.どうなのですか?

第8章　ISO内部監査の成果を活用する

(1) 内部監査結果のレビュー会を開こう

　内部監査のやりっ放しは禁物．今回の内部監査で工夫した内容の，どれがヒット作でどれが駄作か，以前と比べてどうだったか，次回の内部監査ではどうするかなど，記憶の新しいうちに検討しましょう．

(2) 監査対象部門の気持ち

　レビュー会では，内部監査員の立場だけでなく，監査対象部門はどう感じたか，どうすると今後よくなるか，何の役に立ったか，なども検討したいものです．"それぞれの部門はこうあるべきだ"などの意見まで出れば，もっと充実していきます．

(3) 役立たなければ，この際やめる？

　内部監査が役立っていないことが判明．工夫してきたけれど成果なし．こんなことを続けていても仕方ないから，この際，内部監査をやめたいけれど，認証が維持できなくなるって？　せっかく手に入れた道具ですから，いま一度磨きをかけてみましょう．

(4) 成果はじわじわ現れる

　内部監査の効果は，内部監査中に得た結果以上に，それらをきっかけとして始めた工夫が，時間をかけて大輪の花を開かせることで，さらに充実していきます．焦りは禁物です．推移を見守りましょう．

第9章
ISO 内部監査を工夫する

ISO 内部監査を，いつの間にか，漫然と行っていませんか？ 工夫の題材はゴロゴロしています．さあ，組織の元気づけに，さらに一歩前進です．

9.1 "活き活き ISO 内部監査" とは

<なくても困らないが, あれば得する>

内部監査は, マネジメントシステム導入で, 初めて経験したもの. 良い道具のようだけど, どうすればうまく活用できるのだろうか.

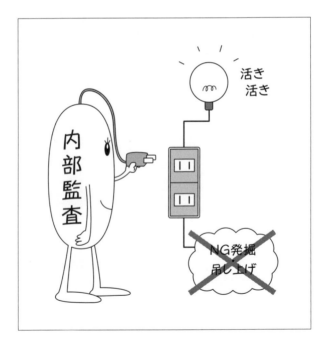

第9章　ISO内部監査を工夫する

(1)　賛成！　よくぞ規格で要求してくれました

内部監査というものを，マネジメントシステムを始めるまで知りませんでした．品質や環境に対する取組みを，監査という形態で確認するというのは，面白い仕組みですね．私は大賛成です．

(2)　反対！　内部監査なんて面倒なだけ

内部監査を一度経験しましたが，私は大嫌いです．どうせ馴れ合いで，ろくでもない成果しか出ないとわかり切っている儀式なのに，監査側も受ける側も，かなり時間を取られます．私には耐えられません．

(3)　振り返ってみて軌道修正をかける

内部監査を"儀式"と言われると，推進事務局としてはつらいものです．内部監査手法の外部研修を受講してすぐ，何となく内部監査を始めたあなたも，監査の切り口を，従来の"NG発掘と吊り上げ"路線から"活き活き推進運動"に大転換させましょう．

(4)　活き活きに結び付けば丸く収まる

内部監査がうまくいかないケースに共通するのは，"良好な内部監査を体験したことがない"こと．原理と趣旨をよく理解し，準備時・実施時・終了後によく話し合って検討し，良い成果に結び付ける経験を一度でももつと，その後は大きく改善します．

9.2 チェックリストの功罪

＜活かすも殺すも使い方次第＞

チェックリストを用意するのは大変だ．どう書いてよいかわからないし，時間も掛かる．そして使い方となると，どうも自信がない．さあ，どうしよう．

第9章 ISO内部監査を工夫する

(1) 定型項目を一度はすべて見ておきたい
　"対象活動をひととおり見る"も内部監査の役割．規格要求事項を裏返した"標準チェックリスト"を設けている組織は，きっとこのことを強く意識しているのでしょう．一度はすべて見ておきたいもの．ただし，調査順序は項目順でなくても構いませんし，1回の質問で複数の項目を見ても構いません．

(2) 定型項目に入っていないと，いつも見ない
　ただ"標準チェックリスト"は一見便利そうだけど調査内容がバレバレ．定型項目にない内容を調査しない人さえ現れる始末．多少は工夫が必要です．

(3) 品質・環境マニュアルも活用できる
　"品質・環境マニュアルを監査ごとにコピーして，調査予定項目を色分けし，結果もマニュアルに記入"する方式も考えられます．毎回，新作チェックリストを作る時間を短縮できます．しかも，詳細手順がすぐ横に載っているので，便利です．

(4) チェックリストは，監査時の話題集
　この際，チェックリストを，監査の場で提供する話題集と捉えましょう．話し合ううちに脱線して構いません．何のために行うか，何が重要かを考え，組織の発展と互いの幸せへの道を探ります．

9.3 内部監査員の成長

＜普段からさまざまなことに興味をもつ＞

ただの内部監査員から,良い内部監査員へのステップアップは,一朝一夕にはできません.普段から見聞を広げて,備えておきましょう.

第9章　ISO内部監査を工夫する

(1)　規格の真の意図の理解
　内部監査の役割は，突き詰めれば適合性と有効性の確認です．それらの情報をいかに引き出すかが，内部監査員のウデの見せどころです．

(2)　業務・活動の本質と価値の理解
　表面的なことだけを拾い出しても仕方ありません．まずは，業務・活動の真価と意義がどこにあるか，理解することです．それが見いだせないならば，きっと，ルールの決め方に問題があるのでしょう．わからなければ尋ねる．相手の方が詳しいのだから．

(3)　環境技術・環境法規制の理解
　品質のことは，否応なしに顧客が監視しています．他方，環境は任意性が高く，自組織に専門家がいるとは限りません．テレビや雑誌では，結構専門的な内容を紹介しています．日々，知識を仕入れて，何がどう当てはまるかを，研究しておきましょう．

(4)　人間心理の理解
　内部監査も最後は人と人．気持ちよくしゃべってもらうには，聴き方や話し方も工夫したいもの．同じことを尋ねても，聴き方一つで高圧的にも，話しやすい雰囲気にもなる．相手と自分を置き換えて，誠意をもって対応する．あー，内部監査は奥が深い．

9.4 内部監査システムのレビューと進化

<自分で工夫しないと他人の工夫を語れない>

内部監査も，ぜひとも"改善"しましょう．ここでもやはり"レビュー"が有効打．自分で率先して工夫して，ウデに磨きをかけましょう．

第9章　ISO内部監査を工夫する

(1) 管理責任者・推進責任者とのレビュー

内部監査の終了後は，管理責任者や推進責任者とレビューをしましょう．報告書を渡すだけでなく会話が加わると，補足をしている自分に気づくでしょう．あ，これは報告書に記した方がよかったかな．

(2) 成長の姿を知る

以前の内部監査と比べてみましょう．今回の内部監査では，この部分を工夫して，こんな成果が出た．自分の内部監査は成長しているぞ．内部監査の手順を設定している側にも，工夫の成果が出たな．良い話がたくさん出ると，次回もやる気が湧くでしょう．

(3) 何を拡張しようか

次の工夫の余地は，どこにあるのだろう？　自分だけで考えず，関係者と検討すれば，各人で分担して，一つひとつ確認できます．こうした共同作業の積み重ねが，内部監査プロセスの改善です．

(4) マネジメントシステム進化論

人が成長するように，組織のマネジメントシステムも成長します．困難から這い上がって成長するケース，外圧を契機とするケースもあれば，自分たちで道を切り開くケースもあります．できれば自助努力で成し遂げたいもの．レビューは大切です．

9.5 統合マネジメントシステムの内部監査

<要素が増えれば相互関連も増える>

マネジメントシステム規格は，一つ覚えるだけでも大変なのに，規格が二つも三つも重なると，とても追い付かない．でも，組織にとっては大事なこと．

第9章　ISO内部監査を工夫する

(1) あれもこれもで，てんてこ舞い
　規格は，続々と生まれます．最近はマネジメントシステム規格の花盛り．しかし，該当規格の数が増えても，組織内のマネジメントシステムは一つ．この大原則だけは忘れてなりません．

(2) 何を核として全体をまとめているか
　"統合マネジメントシステム"と言っても，たいてい何かを核としてまとめられているものです．比較的事例が多いのは，品質，財務，安全のいずれかです．そう，核になるものを決めれば，一歩前進です．

(3) 共通項と相違点
　文書管理や教育訓練は，規格ごとに扱うテーマが異なっても，基本手順は同じはず．もし手順に違いがあるならば"なぜ？"と尋ねましょう．"手順を決めるための手順"を調べていけば，テーマの違いをどのように活かしているかが判明します．

(4) 融合の程度を調べる
　一口に"統合"といっても，根っこから葉先まで一体になった"融合"と，単なる"併存"程度では，運営も異なれば監査方法も異なります．"融合度が低くて実務に支障が出ている""ミスを誘発しやすい"などの問題点を解決に持ち込むのも，監査の役割．

9.6　内部監査の原価管理①（費用）

＜内部監査もタダではない＞

内部監査は組織内の活動なのだからタダでしょう？ ちょっと待ってください．人が時間を割いて調査・確認するのだから，タダということはないですよ．

第 9 章　ISO 内部監査を工夫する

(1)　人が動けばお金が掛かる
　日本は，人件費が非常に高い国です．内部活動であっても，人が動くということは，人件費を費やすことになります．そう，内部監査もタダじゃない．

(2)　原価計算の要素
　内部監査の登場人物は，内部監査員，監査対象者，推進事務局．実地調査だけでなく，準備と報告にも時間を要します．事業所が離れていれば，交通費も掛かります．さらに紙代なども必要ですね．

(3)　人件費は人によって異なりますが
　たしかに人によって給与も賞与も異なるでしょう．しかし，給与などを公表するのが目的ではないので，職制ごとのモデル金額で，計算してみましょう．大きな傾向がつかめればよいのですから．

(4)　おいしい内部監査の調理方法
　"監査前に開いた部門での業務・活動内容の勉強会も，原価に入れましょう．"ちょっと待ってください．それは内部監査の場を認識向上にあてたものです．内部監査がなくても必要なものです．"では是正処置の時間は？"それも本来の業務に必要な時間です．どちらも内部監査の効用ではありますが，"うまく活用できた証"と捉えて除外してよいでしょう．

9.7 内部監査の原価管理②（効果）

＜役立ち状況をお金に換算してみる＞

タダじゃないとしたら，役立っているかどうかを考える必要がありますね．お金の管理が一番の目的ではないけれど，経営者も従業員も気になることです．

第9章　ISO内部監査を工夫する

(1) "お役立ち"状況は本当に算出可能？

　"お役立ち"の算出は，結構難しいものです．直接効果も間接効果もあり得るからです．正直なところ"これしかない"といった絶対的算出方法はありません．"考えないよりはよい"と捉えてください．

(2) ビジネスに換算すると

　不適合の解消効果は算出できるでしょう．業務・活動の効率化も算出できそうです．品質・環境技術開発に伴う新規ビジネスは，まずまず算出可能かな．

　他方，品質・環境向上による顧客・地域へのアピールは，ちょっと難しいかな．また，リスク回避は案外くせ者．いくつか仮定を重ねれば算出できますが，参考程度です(意外に大きな数字になります)．

(3) 元気の源としての価値がある

　内部監査が真に有効なものであり，組織の元気に結び付くと，絶大な効果が得られます．うまく活用すれば，システム面はもちろんのこと，マネジメント面でも強力な武器となります．算出は無理かもしれませんが，本当はこれが一番大切です．

(4) 費用対効果を算出してみる

　さあ集計です．まだいまはマイナスかもしれませんが，今後の工夫につなげるヒントになるでしょう．

9.8 人の気質が内部監査の質を決める

＜内部監査は人柄の反映＞

意地悪内部監査員は，いつも人を苦しめてばかり．
善良内部監査員は，人の役に立つことに全力投球．
善良内部監査員さん，私のところへ来てください．

第9章　ISO内部監査を工夫する

(1) この人にならば打ち明けられる

　内部監査員も人ならば,内部監査を受けるのも人.成果の良否は結局, 人と人との関係にかかっています. 気持ちが通じて, 信用がおけて, いっしょに考えてくれる. そんな内部監査員にならば心を開いて, 内部監査を問題解決のきっかけとできるでしょう.

(2) "規律正しく高潔"でない人の方が

　言っていることは正しいけれど, 絶対にこの人の言うことだけは聞きたくない. 世の中には, そんな人もいます. 品行方正だが人の気持ちがわからず, 堅苦しいことしか言わない人になっていませんか？

(3) マネジメントシステムは泥臭いもの

　結局, うまくいくマネジメントシステムは, 人の発想に近く, 現実的で, 業務・活動に密着したものです. つまり泥臭いものです. そうでなければ人は納得しませんし, 人は動きません.

(4) 自己コントロールも内部監査の必須科目

　内部監査員としては"自分としては, ここはこうなっている・べ・き・だ"と言いたいでしょうが, まずはぐっとこらえて, 相手の話を聞いてみましょう. そして, 相手に気づいてもらいましょう. 自分で気づけば, きっと長続きします. 時には我慢も大切.

9.9 内部監査員の活動満足

＜自分の満足なくして他人の満足なし＞

内部監査員も人の子．自分なりに内部監査の楽しみを見つけて成果に納得がいけば，自分も相手も，そして内部監査自体も，充実するでしょう．

第9章　ISO内部監査を工夫する

(1) 対象部門の自助努力に結び付いた！

内部監査員は，すべてのことが想定内に収まって，作戦どおりに事が運ぶと，綿密に準備してよかったと感じるでしょうが，それ以上に，何かの拍子に思いがけず相手の真意が引き出せて自助努力に結び付いた場合などに得られる充実感は大きいものです．

(2) 成果が，目や耳や肌で感じられた！

自分が担当した内部監査が役立ったかどうかは，誰しも知りたいものです．組織全体の数字や動向もさることながら，監査後に起きた変化や感謝などの生の声をもらえると一層うれしいことでしょう．

(3) 自分の本業や自分の成長に役立った！

内部監査員にも実際には別の"本業"がある場合が多いでしょう．内部監査を通じて学んだことを本業に活かせられれば，費やした時間や苦労が報われます．"内部監査は自分の成長の糧"と捉えましょう．

(4) 組織全体から効用が認められた！

内部監査の効用が，①経営者，②監査対象部門，③自身の所属部門からなる組織全体から認めてもらえるほどうれしいことはないでしょう．特に③の理解なしでは心おきなく内部監査にあたれません．

相手の満足は自分の満足．思いやりを忘れずに．

9.10 内部監査で組織が"活き活き"

<内部監査はマネジメントシステムの原動力>

内部監査は，単に"内部監査すること"ではなく，組織の"活き活き"につなげることが最大の目的．さあ明日の幸せのために，今日も頑張りましょう．

第 9 章　ISO 内部監査を工夫する

(1) 内部監査が元気の源泉を掘り起こす

　内部監査は，さまざまな角度から光を当てて，再考できるチャンス．真価を知って，協力し合い，積極的な工夫に結び付くと，各人に自信がみなぎり，職場に活気が溢れるでしょう．

(2) 成功事例から学ぶ内部監査の工夫

　内部監査を一人で工夫するには限界があります．普段の仕事でも，他の人から学ぶことも多いでしょう．成功事例は，学習材料の宝庫．組織内はもちろん，関連会社・業界・書籍・雑誌などから，成功事例の情報を集めて整理しておきたいものです．

(3) ビジネスあってのマネジメントシステム

　本書中で何度も触れましたが，"ビジネスあってのマネジメントシステム"は，大鉄則です．品質でも環境でも同じです．当事者は，必ず秘訣を押さえているものです．基本の"聴く"を忘れずに．

(4) 従業員の幸せに結び付けるために

　そしてビジネスは，めぐりめぐって従業員の幸せに行き着きます．またそうならなければなりません．
　ビジネスの"活き活き"は，従業員の"活き活き"．常にこの心意気をもって，内部監査に取り組みましょう．私たちの，明日の幸せのために．

あとがき

　ISOマネジメントシステムには，内部監査がつきものです．"マネジメントシステムの運用の成果を監視・測定し，内部監査でマネジメントシステムの有効性を調べ，マネジメントレビューで陣頭指揮し，強みを増大させ，不適合の再発を防ぐ"という構図が基本だからです．

　内部監査は，本来，とても良い道具です．しかし，十分に使い切れていない，効果が上がっていないという話を，よく耳にします．マネジメントレビュー（経営者によるマネジメントシステムの評価・検討）も似たり寄ったりの状況のようで，大変もったいないと思います．

　このような場合には，"内部監査は諸刃の剣です．マネジメントシステムが良くなるのも悪くなるのも，使い方次第です"などと言われますが，"剣を手に入れたが一度も研いだことがない"というケースが，あまりにも多いように感じます．

　本書の姉妹書に，『活き活きISO 9001』と『活き活きISO 14001』があります．どちらも，マネジメントシステムをフルに積極活用して，組織が元気になってほしいという気持ちを込めて執筆しました．しかし，そうなるための原動力の大きな柱は，実際には"内部監査"と"マネジメントレビュー"

だと，筆者は思っています．これら二つの活動は，それぞれ"気づき"と"方向性の提示"を意味し，対になっていると考えています．ご存じのように，マネジメントレビューに持ち込む情報の多くは，内部監査とその分析からもたらされます．そういった経緯で，本書では，内部監査にスポットを当てました．

ISO 9001 と ISO 14001 が，2015 年に改訂になりました．どちらの規格でも"内部監査プログラムの実施の証拠"の記録（文書化した情報の保持）に関する要求事項が新設になりました．おそらく，内部監査のマンネリ化防止があるものと見込まれます．

ISO 19011 は 2018 年に改訂になり，実践的な手引（附属書 A）が充実したことから，本書に新たな章を設けて，役立つ情報を紹介しました．

話は変わりますが，よく"料理は器（うつわ）で食べる"といいます．良い器であれば，食欲も湧きますし，楽しく食事を取ることができます．しかし，いかに良い器であっても，盛り付け方次第で，結果が大きく異なりますし，それ以上に，実際には，肝心の料理そのものが美味しいことが，"美味しい"の大部分を占めていると思います．

ぜひとも，内部監査を積極活用することで，器だけでなく，料理そのもの（マネジメントシステムとその成果）が美味しくなって，"活き活き"になってほしいと，心から望んでいます．

国府　保周（こくぶ　やすちか）

1956 年	三重県生まれ
1980 年	三重大学工学部資源化学科卒業 荏原インフィルコ株式会社（現　荏原製作所）入社 環境装置プラントを担当
1987 年	株式会社エーペックス・インターナショナル入社．エーペックス・カナダ副社長，A-PEX NEWS 編集長，品質保証課長，第三業務部長を歴任．またユーエル日本との合併後は，マネジメントシステム審査部長代理を務める．
2004 年	株式会社日本 ISO 評価センター　常務取締役
現　在	研修講師，審査員，コンサルタントとして活躍中 （JRCA 登録主任審査員，CEAR 登録審査員補）

主要著書　"2015 年版対応 ISO 9001/14001 内部監査のチェックポイント 222—有効で本質的なマネジメントシステムへの改善"（日本規格協会）
"ISO 9001:2015（JIS Q 9001:2015）規格改訂のポイントと移行ガイド［完全版］"（日本規格協会）
"2015 年版対応　活き活き ISO 9001—日常業務から見た有効活用"（日本規格協会）
"2015 年版対応　活き活き ISO 14001—本音で取り組む環境活動"（日本規格協会）

イラスト　飯塚　展弘（いいづか　のぶひろ）

ISO 19011:2018 改訂対応 活き活き ISO 内部監査
―工夫を導き出すシステムのけん引役―

2006 年 4 月 10 日	第 1 版第 1 刷発行	
2016 年 9 月 30 日	第 2 版第 1 刷発行	
2019 年 7 月 10 日	第 3 版第 1 刷発行	
2022 年 10 月 4 日	第 2 刷発行	

著　者　国府　保周

発行者　朝日　弘

発行所　一般財団法人 日本規格協会
　　　　〒108-0073　東京都港区三田 3 丁目 13-12 三田 MT ビル
　　　　https://www.jsa.or.jp/
　　　　振替　00160-2-195146

製　作　日本規格協会ソリューションズ株式会社
印刷所　日本ハイコム株式会社

© Yasuchika Kokubu, 2019　　　　　　　　　　Printed in Japan
ISBN978-4-542-30683-7

● 当会発行図書，海外規格のお求めは，下記をご利用ください．
　JSA Webdesk(オンライン注文)：https://webdesk.jsa.or.jp/
　電話：050-1742-6256　E-mail：csd@jsa.or.jp

図書のご案内

2015 年版対応 ISO 9001/14001
内部監査のチェックポイント 222
― 有効で本質的な
　マネジメントシステムへの改善

国府 保周 著

　　内部監査こそ"継続は力なり"
222 のチェックポイントと実践的な質問の仕方が
　　あなたの監査をサポートします。

▽▲▽ 目 次 ▽▲▽

第 1 章　内部監査の改善はマネジメントシステム改善への道
1.1 マネジメントシステムをけん引する内部監査／1.2 有効な品質・環境マネジメントシステムとは／1.3 内部監査の進め方を工夫する／1.4 内部監査結果の分析と活用／1.5 内部監査の継続的改善と内部監査員の成長／1.6 監査チェック項目はシステム改善のポイント(本書の使い方)

第 2 章　具体的なチェックポイント―1　各種業務部門
2.1 製品・サービス企画・営業・受注・販売部門／2.2 設計・開発・基礎研究部門／2.3 購買(調達・外部委託)＆原材料・資材保管部門／2.4 生産技術・施工技術・サービス技術部門／2.5 生産部門＆生産計画部門(製造・施工・サービス提供)／2.6 検査・試験部門／2.7 在庫管理・出荷・引渡し部門／2.8 付帯サービス部門／2.9 環境保全・処理技術部門／2.10 設備管理・測定機器管理部門

第 3 章　具体的なチェックポイント―2　すべての部門に対する共通事項
3.1 品質方針・環境方針と品質目標・目標の展開／3.2 日常の環境活動／3.3 要員育成と要員確保／3.4 文書化・文書管理・記録管理／3.5 是正処置・予防処置・継続的改善

第 4 章　具体的なチェックポイント―3　経営層と推進役の特定活動
4.1 組織形態と責任・権限／4.2 著しい環境側面の決定／4.3 内部監査／4.4 状況・成果の把握とマネジメントレビュー

A5 判　348 ページ
定価 4,400 円（本体 4,000 円＋税 10％）

日本規格協会　https://webdesk.jsa.or.jp/

図書のご案内

**ISO 9001/14001
規格要求事項と
審査の落とし穴からの脱出**
―思い込みと誤解はどこから生まれたか

国府 保周 著

マネジメントシステムにこびりついた
「形式的」「審査のため」の手垢
を落として使い倒そう！

▽▲▽目 次▽▲▽

- 第 1 章　審査員と戦う法
- 第 2 章　品質目標・環境目標の取組みを根本から捉え直す
- 第 3 章　リスク及び機会への取組み…ISO 9001 での立ち位置 [ISO 9001]
- 第 4 章　リスク及び機会への取組み…環境活動の指南役 [ISO 14001]
- 第 5 章　文書化した情報とルールや手順の設定
- 第 6 章　人的資源…力量・認識と要員の育成
- 第 7 章　設計・開発として認められるもの [ISO 9001]
- 第 8 章　顧客満足とビジネスの面からの活用 [ISO 9001]
- 第 9 章　ライフサイクルから切り込む環境活動 [ISO 14001]
- 第 10 章　内部監査をもっと身近なものに
- 第 11 章　マネジメントレビュー…経営に即した現実的な姿に
- 第 12 章　是正処置の実効性のさらなる向上
- 第 13 章　概念を扱う各種要求事項の捉え方
- 第 14 章　マネジメントシステムをツールとして使いこなす

A5 判　246 ページ
定価 2,750 円（本体 2,500 円 + 税 10 %）

日本規格協会　https://webdesk.jsa.or.jp/

図書のご案内

[2015 年版対応]

活き活き ISO 9001
―日常業務から見た有効活用

国府 保周 著

新書判　192 ページ
定価 1,540 円（本体 1,400 円＋税 10%）

[2015 年版対応]

活き活き ISO 14001
―本音で取り組む環境活動

国府 保周 著

新書判　192 ページ
定価 1,540 円（本体 1,400 円＋税 10%）

[2015 年版対応]

活き活き ISO 内部監査
―工夫を導き出すシステムのけん引役

国府 保周 著

新書判　210 ページ
定価 1,540 円（本体 1,400 円＋税 10%）

日本規格協会　https://webdesk.jsa.or.jp/